글로벌
호기심 리포트

KB077721

GIST PRESS
031

글로벌
호기심 리포트

김경웅 지음

호기심 많은 환경학자의
두 번째 에세이집

 GIST PRESS
광주과학기술원

책 머리에

이 책의 제1부에서는 새로운 지질시대로 논의되고 있는 인류세의 시작 지점에 우리가 경험하고 있는 기후위기로 인한 혹독한 글로벌 이슈들을 다루었다. 인류의 급속한 산업화로 야기된 독성 물질의 방출 문제, 메콩강 유역에서 식수로 개발한 지하수에 포함된 비소 오염의 심각성, 기후위기시대에 나타나는 홍수, 가뭄, 산불이나 열대성 사이클론 등의 다양한 기후 대재앙과 이로 인한 생태계의 파괴, 그리고 마지막으로 이를 해결하기 위한 전 지구적인 노력의 하나인 유엔기후변화협약 당사국총회UN Climate Change Conference of the Parties 를 포함하고 있다.

제2부에서는 지구촌을 여행했던 경험 중 이스라엘, 스페인, 일본, 태국 및 영국에서의 다양한 이야기를 담았다. 필자는 대학교수로서 운이 좋게도 외국에 머물면서 학생들에게 강의를 한다거나 학자와의 공동연구를 위해 장기간 체류할 기회가 여러 차례 있었다. 여기에 실린 글들은 짧은 여행에서는 얻기 어려운 현지 친구들과의 다양하고 특별한 교류 내용을 소개하였다.

제3부에서는 필자가 취미생활로 즐기는 맥주와 와인에 대한 이

야기를 다루었다. 맥주는 일부 사람들이 독일에서 유래되었다고 생각하고 있으나 문헌에 의하면 약 5,000~6,000년 전에 메소포타미아 지역에서 유래되었다고 하며 신성한 음료^{Divine Drink}로 여겨졌다고 한다. 와인은 약 7,000~8,000년 전에 자연 발생적으로 만들어졌다고 알려졌으며, 일본 만화 『신의 물방울^{Drops of God}』로 대중에게도 많이 소개되었다. 필자는 이것들이 기원전의 인류가 경쟁에 지친 현대인에게 위안을 주며 쉬엄쉬엄 살아가는 데 도움을 주고자 물려준 유산이라 생각하며 이 책에 소개하였다.

끝으로 이 책의 마지막 부분은 필자의 인생에 선한 영향을 끼친 고마운 분들과의 교감을 엮었다. 두 번째 에세이집을 준비하면서 점점 글쓰기가 어렵다는 것을 느끼게 되었다. 그래서 당분간은 책을 쓰지 않기로 결심하면서 이 책에서 필자의 인생을 되돌아보며 선한 영향을 주신 분들에게 감사를 전하는 마음과 그분들이 써주신 필자와의 에피소드를 포함하였다.

아울러 이 책의 일부 글은 GIST 소식지와 계간 『여행문화』에 발표된 것을 책 발간에 맞춰 수정하였음을 밝혀둔다.

차 례

01

기후위기로 무섭게 다가오는
글로벌 이슈들

레이첼 카슨의 『침묵의 봄』이 주는 교훈

코로나로 2년 이상을 시달리면서 이제는 모든 일반 국민이 바이러스, 면역, PCR 테스트 등 많은 의학 및 생물학적인 지식을 갖게 된 것 같다. 여기에는 대중매체의 역할이 한몫을 했다고 보여지는데 특히 영상매체의 영향이 컸다. 코로나 초기에 회자되었던 스티븐 소더버그 감독의 〈컨테이젼Contagion〉은 2011년에 개봉된 의학스릴러 영화로, 신종 감염병 유행에 따른 인간의 공포와 사회적 혼란을 그려냈는데 우리가 겪은 코로나 상황과 소름이 끼칠 정도로 유사하다. 영화의 내용이 시사하는 바가 많지만 유독 필자의 기억에 남는 것은 아무 대사와 해설 없이 1분 정도의 영상으로 보여주는 마지막 장면이다. 이 엄청난 사태를 몰고 온 바이러스의 출처를 보여주는 장면으로 충격과 전율을 준다. 이러한 영화들은 미래에 일어날 수 있는 여러 가지 재앙을 예견하는 내용을 다루고 있다.

이와는 반대로 과거에 있었던 재앙 수준의 실제 사건들을 파헤쳐 대중에게 알리고 경각심을 일으키게 하는 종류의 영화들도 있다.

| 영화 〈컨테이젼〉 포스터(©Warner Brothers Pictures, ©워너 브라더스 코리아)

특히 환경오염과 이로 인해 야기된 주민들의 건강문제를 다루는 법정 영화들은 우리들에게 많은 교훈을 준다. 영화의 공통점은 대형회사가 알고도 일으킨 사건이며 법적 분쟁이 오래 지속된다는 것, 그리고 사건을 파헤치는 사람들이 변호사이건 일반인이건 초보자로 시작하지만 집념을 가지고 결국은 승리한다는 것이다. 물론 피해를 입은 지역 주민들의 역할도 빼 놓을 수 없을 것이다.

이러한 영화 중 필자가 기억하는 첫 번째 영화는 〈시빌 액션Civil Action〉(1988)이다. 주인공은 구급차를 따라다니면서 빌붙어 살아가는 변호사이다. 당시 『포춘Fortune』지 선정 미국 5백대 기업인 베아스트리스 푸드Beastrice Foods 와 W. R. Grace & Co의 공장 폐기물이 야기한 환경오염과 지역주민의 건강에 미친 피해를 파헤치는 내용이다. 또 다른 영화는 줄리아 로버츠 주연의 〈에린 브로코비치

| 영화 〈시빌 액션〉(ⓒTouchstone Pictures)과 〈에린 브로코비치〉 포스터(ⓒUniversal Pictures)

Erin Brockovich〉(2000)이다. 교통사고 담당 변호사 사무실 장부를 정리하던 주인공이 우연히 미국의 대기업 PG & E Pacific Gas and Energy Company가 일으킨 대재앙 수준의 환경오염을 밝혀낸 내용이다. 또다른 영화 〈다크 워터스Dark Waters〉(2019)는 대형 로펌에서 일하던 시골 출신 변호사가 고향 사람의 방문을 받으면서 사건이 시작된다. 그의 고향은 웨스트 버지니아로 전설의 컨트리 가수 존 덴버의 대표곡 〈Take Me Home Country Road〉의 가사에 나오듯이 평화로운 시골길을 가진 곳이다. 그러한 그의 고향이 젖소의 떼죽음, 메스꺼움과 고열에 시달리는 사람들, 기형아 출생, 중증 질병 등이 나타

영화 〈다크 워터스〉 포스터(ⓒFocus Features, ⓒ이수C&E)

나면서 독성 물질인 PFOA(퍼플루오로옥타노익산Perfluorooctanoic Acid)
의 유출 사실이 드러난다. 이 영화는 어느 정도의 독성 가능성을 인
지하고서도 이걸 폐기하는 과정에서 심각한 환경오염을 야기한 거
대 기업 듀폰에 맞서 싸우는 이야기이다. 이 영화에서도 마지막으
로 나오는 자막 "지구상의 거의 모든 생명체 핏속에 PFOA가 흐르
고 있다. 99%의 인간을 포함해서"는 우리에게 공포심을 일으킨다.
이를 통해 인간이 만들어 낸 화학물질이 인류와 환경에 얼마나 해
악을 끼칠 수 있는지를 보여준다.

　이러한 맥락에서 세상을 바꾼 인물, 세상을 변화시킨 책으로 20
세기 환경학의 최고 고전 『침묵의 봄Silent Spring』을 쓴 레이첼 카슨
Rachel Carson 을 빼놓을 수는 없다. 『침묵의 봄』은 1962년 레이첼 카
슨이 제1차 세계대전 이후 미국에서 살포된 살충제나 제초제로 사

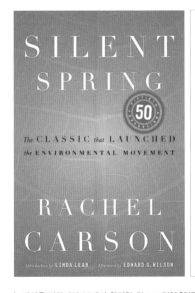

세상을 변화시킨 20세기 환경학 최고 고전인 『침묵의 봄』 책 표지
(Carson, R., *Silent Spring*, Houghton Mifflin, 2002; 레이첼 카슨 저, 김은령 역, 『침묵의 봄』, 에코
리브르, 2011.)

용된 유독물질이 생태계에 미치는 영향을 분석하여 쓴 책이다. 이
로부터 환경운동이 서양에서 시작하게 되는 계기가 되었다고 알려
져 있다. 카슨은 대중 앞에서 강연을 할 때면 늘 새롭게 등장한 불
길한 징조에 관심을 표명했다고 한다. "제 힘에 취해서 인류는 제
자신은 물론 이 세상을 파괴하는 실험으로 한 발씩 더 나아가고 있
다"고 했다. 그녀는 과학 기술이 인류의 도덕적 책임감보다 훨씬 더
빠르게 움직인다고 걱정했다. 카슨의 책 한 권이 자본주의 체제를
바꿀 수는 없었으나 한 개인이 사회를 어떻게 바꿔놓을 수 있는지

보여주는 대표적인 사례가 되었다.

여기에 현재의 우리에게 교훈이 될 수 있는 제8장 '새는 더 이상 노래하지 않고'의 일부를 소개하고자 한다. 닥쳐올 비극적인 운명을 잘 말해주는 사례 중 그 대표적인 것이 우리에게 친숙한 울새 이야기다. 울새는 곤충이 먹이인 참새목 딱새과의 나그네새로 영어로는 Robin이다. 수많은 미국인은 기나긴 겨울에서 벗어나 아침 햇살 사이로 울려 퍼지는 울새들의 노랫소리를 들으며 새로운 봄날을 맞이하곤 했다. 그러나 언젠가부터 이런 이야기는 지나간 옛일이 되어 버렸는데 이 비극의 시작은 이렇다. 1930년경에 네덜란드 느릅나무병이 합판을 만들기 위해 유럽에서 들여온 느릅나무 목재에 숨어서

| 울새(Image by JJ Harrison, CC BY-SA 3.0)

미국으로 건너왔다. 이 병은 균류로 인해서 발생하는데, 이러한 병원균이 나무에 장애를 일으키고 독성 물질을 분비해서 가지를 시들게 하고 결국 죽게 만든다. 느릅나무 껍질에 사는 딱정벌레가 이 병을 다른 나무로도 옮기므로 이 병을 막기 위해 매개체인 딱정벌레를 없애는 방법이 자주 사용되었다. 네덜란드 느릅나무병의 방제는 1954년 어느 대학 구내에서 소규모로 시작하여 대학이 위치한 이스트랜싱시로 살포 범위가 확대되었다. 그와 동시에 매미나방과 모기박멸계획이 시행되어 각종 화학약품이 무차별 살포되었다. 살충제를 뿌리는 사람들은 그 약품들이 새들에게는 무해하다고 강조했지만 울새들은 바로 그 약품의 독성 때문에 죽어갔다. 새들은 평형감각 상실 증세를 보이기도 하고 몸을 떨기 시작했고, 그리고는 심한 경련과 함께 죽어갔다. 당시에 여러 가지로 판단해 본 결과 울새들은 살충제와 직접적으로 접촉했기보다는 살충제가 체내에 축적된 지렁이를 먹음으로 간접적으로 중독되었음을 알 수 있었다. 이러한 유독 약품은 해충 이외에 느릅나무에 유용한 곤충까지도 다 죽일 뿐만 아니라 나뭇잎과 나무껍질에 얇은 막을 형성하여 빗물에도 씻겨 내려가지 않는다. 가을이 되어 떨어져 축축해진 낙엽들은 아주 천천히 분해되는데 지렁이들은 가장 좋아하는 느릅나무 썩은 잎을 먹어치우며 이 과정에서 살충제까지 흡수하게 되어 체내의 다양한 기관에 축적되어 농축된다. 물론 많은 지렁이가 죽었고 살아남은 지렁이들은 독극물의 생물학적 경로 pathway 역할을 한 것이다. 새들은 1분에 1마리씩의 지렁이를 먹어치우는데 큰 지렁이 11 마리에 농축된 DDT* 양 정도면 울새에게 치명적인 양이 되는 것이었다. 울새를 멸종으로 이끈 또 다른 요인은 불임이었다. 이렇게 번식이 이루어지지 않은 것은 울새 암수 중 한쪽, 또는 모두가 새끼를 낳기 전에 죽기 때문이기도 하였다. 게다가 더욱 심각한 것은 울새와 다른 새들은 둥지를 틀었지만 알을 낳지 못하거나 알을 품었다 하더라도 부화시키지 못하게 되었다는 것이다. 미국의 많은 중서부 도시가 이 문제를 겪었지만 이후에도 다른 도시들이 이러한 사례에 대하여 조사하지 않고 계속적으로 화학 약품들을 살포했다는 사실도 충격을 더한다.

2022년 1월, 국내에서 꿀벌이 사라졌다는 보고가 여러 곳에서 전해졌다. 전남 해남군의 한 마을 일대에서 벌어진 일로 양봉업을 하는 농부가 동면이 끝난 꿀벌 상태를 확인한 후 봄 양봉을 준비하려고 벌통을 열었다고 한다. '자식 같은 벌들이 잘 있겠지' 하며 벌통을 여는 순간 믿을 수 없는 광경이 펼쳐졌다고 한다. 2만~2만 5천

---

*   DDT: 디클로로디페닐트리클로로에탄 Dichloro-Diphenyl-Trichloroethane 의 약자로 색깔·냄새가 없는 살충제. DDT는 제2차 세계대전 때 말라리아, 발진티푸스를 일으키는 모기의 구제와 이후에는 여러 곤충으로 인해 일어나는 질병의 구제에 사용되었다. DDT의 살충능력을 처음 발견한 스위스 화학자인 파울 헤르만 뮐러는 1948년에 이 발견으로 노벨 생리학·의학상을 받게 되었다. 그러나 『침묵의 봄』이라는 책에서 미국 내 무분별한 DDT 사용에 대한 환경적인 영향 및 생태계나 사람의 건강에 끼치는 영향이 설명되었다. 침묵의 봄이 불러온 대규모 항의로 인해서 미국에서는 1972년도에 DDT 사용을 전면 중단하였다.

마리가 있어야 할 벌통이 텅 비어 있었던 것이다. 이렇게 시작된 꿀벌의 실종이 2022년도 3월까지 전국의 약 40만 개에 이르는 벌통에서 60억 마리가 사라진 것으로 추정되고 있으며 이 문제는 아직도 끝나지 않고 있다. 꿀벌이 집단으로 사라진 정확한 이유는 아직 명확히 밝혀지진 않았다. 이상기후와 해충의 영향이 복합적으로 작용할 수도 있다고 한다. 장마에 번식해야 할 기생성 해충인 응애류가 이른 봄에 나타날 수도 있던 것이고 적기에 이를 방재하지 못해서 일어난 사태일 수도 있다고 한다. 또는 몇몇 농가에서 뒤늦게 응애 방제를 위해 예년의 3배에 달하는 과도한 양의 살충제를 사용한 것도 한 이유일 수 있다고도 한다. 한편에서는 이처럼 세계적으로 꿀벌 개체수가 급격히 감소하는 것은 '군집붕괴현상'의 발생에 의한 것일 수 있다고 한다. 군집붕괴현상은 꿀과 꽃가루를 운반하러 나갔던 일벌이 둥지로 돌아오지 못하거나 갑작스레 일벌과 유충들이 다수 죽어버리면서 벌집이 통째로 몰살되는 현상을 말한다. 군집붕괴현상의 원인으로는 무선장비의 전자기파로 인해 일벌이 길을 잃는 현상, 지구온난화로 발생한 고온 현상에 의한 폐사, 농약 등 화학물질, 전염병 등이 대표적이다. 꿀벌이 사라지면 인류도 4년 내 멸망한다는 학설도 있다. 이것이 사실인지 확인할 수는 없지만 앞서 소개한 예언처럼 꿀벌의 멸종은 인류도 함께 멸종할 만큼 지구 생태계에 큰 영향을 미칠 수 있다고 예견하는 학자들이 많다. 지구 생태계의 대들보 역할을 하고 있는 꿀벌이 사라진다면 어떤 일이 발생할까? 전문가들은 지구상에서 꿀벌이 100% 멸종된다면 식량난, 영양실조 등으로 수많은 사람이 죽을 것으로 예상한다.

지난 2015년 하버드 공중보건대 사무엘 마이어 교수 연구팀은 영국 의학저널 『란셋The Lancet』에 발표한 연구보고를 통해 꿀벌이 사라진다면 한 해 142만 명의 사람들이 사망할 것으로 예상된다고 밝혔다. 연구 결과에 따르면 꿀벌이 100% 사라질 경우, 전 세계적으로 과일 생산량의 22.9%, 채소 생산량의 16.3%가 감소하게 된다고 한다. 견과류 생산량 역시 22.9%가 감소할 것이라고 보고, 이에 따라 저소득층이 이용할 수 있는 과일, 채소 등이 크게 감소하고 세계적인 식량난과 영양부족으로 다수의 사람이 기아로 사망할 수 있다는 것이다. 또한 과일, 채소 및 견과류를 사료로 삼고 있는 가축들의 수도 감소하기 때문에 낙농제품, 육류 등 식품군 전체에도 큰 영향을 미칠 것으로 분석된다. 그러나 지구온난화는 사기극이며 오존층 파괴는 없다고 주장하는 과학자들도 여전히 있다. 그들이 이렇게 주장하는 이면에는 늘 경제적인 손익계산이 존재하고 있다는 것을 알아야 할 것이다. 그들에게 마지막으로 데이비드 프라이스 박사의 메시지를 전해 주고자 한다. "사람들은 환경이 파괴되어 결국 공룡처럼 멸종할지도 모른다는 두려움에 떨면서 살고 있다. 이러 징후가 나타나기까지 20년 정도의 시간밖에 없을 것이다"라는 주장을 잊지 말아야 할 것이다.

독도 되고 약도 되는 비소 이야기

이 글은 필자가 2003년도부터 5년간 과학기술부의 연구비 지원을 받아 수행한 국가지정연구실^{NRL} 사업의 결과를 '금요일에 과학 터치'라는 과학 대중화를 위한 지식 나눔 행사에서 강의한 내용의 일부를 요약한 것이다. 첫 강의는 2007년 11월 2일 오후 8시에 서울역 4층 대회의실에서 진행되었는데, 강연 제목이 '비소, 독일까요? 약일까요?'였다. 이후 초등학교, 과학영재고 및 과학고, 대학교 특강과 여러 아카데미 및 외국의 세미나 등 수십 회에 걸쳐 강의한 내용을 요약 정리한 내용이다.

현재 토양/지하수 오염물질 혹은 인류 건강에 해를 끼치는 유독성 물질은 크게 두 종류로 분류한다. 한 가지는 주로 석유류와 같은 탄소(C)와 수소(H)가 결합한 물질인 탄화수소계 물질, 염소(Cl)계 물질 및 인(P) 화합물 등의 유기오염물질이다. 다른 한 가지는 방사성 원소를 포함하여서 중금속^{Heavy Metal}과 같은 무기오염물질이다. 이러한 무기오염물질은 우리가 만들어 내거나 없앨 수 있는 것이 아니다. 그렇기에 이 원소들은 모두가 인류 활동에 사용하기 위하여 지하에 매장된 것을 끄집어 낸(채굴이 더 적합한 용어임) 물질들이다. 중금속은 인류 문명 발전에 없어선 안 되는 물질이다. 그러나 산업 발전과 더불어 생활 속에 부수적으로 방출된 중금속이 인류의 건강을 위협하고 있다.

최초의 중금속 오염 사례는 마르코 폴로의 『동방견문록』에 나타나 있다. 기록에 따르면 마르코 폴로가 양떼를 몰고 대초원을 지나가는데 갑자기 많은 양이 떼죽음을 당했다. 그 이유는 양떼들이 고향 땅을 떠나서 다른 지역으로 이동하다 보니 먹으면 해로운 풀들이 무엇인지 구분할 능력이 없어 그중에 셀레늄이 농축된 풀을 먹었던 것이다. 양떼를 죽게 한 중금속이 바로 '셀레늄 selenium'이었다. (좀 더 정확히 과학적으로 이야기하자면 비소, 셀레늄 등은 중금속이 아니라 준금속 metalloid)으로 분류된다. 그런데 이 셀레늄이 무조건 나쁜 것만은 아니었다. 셀레늄이 과연 독이기만 할까? 이 셀레늄을 지킬 박사와 하이드라고 부르기도 한다. 셀레늄을 적당히 섭취하면 지킬 박사 역할처럼 몸에 좋은 측면이 있지만(요즘은 셀레늄이 항산화 효과 및 항암 효능이 있어서 브라질 너트, 황다랑어 등 함유 음식을 찾아서 먹기까지 한다.) 이런 좋은 영양소도 과다하게 먹으면 인체에 유해한 측면이 있기 때문에 하이드 씨라 불리기도 하는 것이다. 일부 중금속은 이런 양면성을 띠고 있다.

독극물로서의 비소는 우리나라 역사에서도 오래전에 나타난다.

독이라는 한자를 사전에서 찾아보면 '작은 양으로 병을 고친다.'라는 뜻이 있는데 비소가 그 대표적인 예라고 할 것이다. 비상(비소산화물)에 의한 비소오염의 공포는 과거 조선시대에도 보고된 바 있다. 그 무서운 일이 TV 드라마 〈대장금〉에 방영되었다. 15세기 무렵 어느 날 중종의 눈이 잘 안 보이고 피부가 검어지기 시작했다. 명의로 구성된 어의들이 아무리 애를 써도 그 원인을 알아채지 못했는데 궁궐의 총명한 요리사 장금이가 그 사실을 음식에서 찾아낸 것이다. 그 원인은 바로 중종이 종종 마신 타락駝酪이었다. 타락이란 우유의 고어로, 예전에는 이 타락이 아주 귀해 왕만이 마셨다고 한다. 그런데 그 타락이 비소로 오염된 토양에서 생산된 것이었다. 비소로 오염된 토양에서 자란 풀에 토양으로부터 이동된 비소 축적이 일어나고 이를 먹은 젖소들의 몸에도 비소 축적이 일어난 것이다. 그리고 이 젖소들이 생산해낸 타락에도 비소가 존재하여 이를 주기적으로 섭취한 중종의 몸에 비소가 축적되어 비소중독 증상이 나타난 것이다.

　이러한 비소의 위험성은 비소가 지구의 표면인 지각에 광범위하게 분포한다는 것이고 비록 그 양이 매우 적더라도 그 강한 독성 때문에 여러 경로를 거쳐 생태계에 유입되면 비소중독 및 급성/만성 증상을 일으킬 수 있다는 것이다. 그 대표적인 사례가 '비소 대재앙 Arsenic Disaster'이라 불리는 방글라데시의 지하수 내 비소오염 사례이다. 방글라데시에 만연하였던 피부암 등 비소중독 증상의 원인을 알아보기 위하여 방글라데시의 지하수 내 비소 함량을 측정한 결과 방글라데시 전역 지하수의 27%가 비소로 오염이 되었고(당시 방글라데시의 기준치 50ppb를 기준으로 – 현재는 대부분의 기준치가 10ppb로 조정되었음) 이를 마신 3,500만 명이 이미 지하수를 통한 비소오염에 노출되었으며, 그중 250만 명에게서 이미 비소중독 증상이 나타났다는 것이다. 그런데 더 심각한 문제는 이러한 비소오염이 좁은 범위의 점오염원에 의한 일부 지역에 국한되어 나타난 것이 아니라 남부를 중심으로 광범위하게 나타났다는 것이다. 이러한 오염이 공장이나 광산에서 배출된 인위적인 오염원이라면 오염이라는 말이 적합하겠지만 이 비소는 지하수를 포함한 대수층이 형성될 때 어떤 특별한 환경에 의해 자연적으로 부화된 것이기에 그 넓은 지역에 처리시설을 설치하기가 어렵다는 것이다. 따라서 여러 국제기구들이 현재에

지하수 내 비소를 처리하는 데 유용한 나노 막여과 수처리장치(좌)와 캄보디아에서 운용 중인 흡착제를 이용한 처리시설(우)

도 이 비소 문제를 해결하기 위한 노력을 하고 있으나 현재까지의 해결책은 그 오염원 자체를 처리하기는 어렵기 때문에 마시기 직전에 가정 혹은 마을 단위에서 소규모로 처리하는 방식을 취하고 있다. 그런데 개도국의 현지 사정상 고가의 기술을 활용하는 것이 어렵기 때문에 쉽고 간단하게 접근할 수 있는 적정기술의 개발 및 적용이 필요하다.

이러한 지하수 내의 비소오염은 메콩강 유역의 지하수에서도 보고되고 있다. 메콩강 유역의 국가들에 있는 하천 및 호수 등의 지표수는 인류활동으로 인해 이미 오염이 심각한 수준에 이르렀다. 이를 해결하기 위해 국제기구들이 지하수를 개발하였으나 안타깝게도 이 지하수들이 방글라데시의 경우와 유사하게 자연적으로 비소가 오염된 지하수였다는 것이다. 베트남 남부의 메콩강 유역 칸터주를 포함한 주변 지역에 광범위한 지하수 내 비소오염이 나타났고 북부 하노이 인근 하남 및 하타이 지역에서도 지하수 내 비소오염이 보도되었다. 이러한 비소오염은 캄보디아에서 더 극명하게 피해 사례를 보여 캄보디아 칸달 지역의 지하수에는 기준치 100배 이상의 비소가 존재하였고, 이를 지속적으로 마신 지역 주민의 모발, 소변 및 혈액에서 방글라데시 오염지역의 주민 체내 비소함량보다 높은 비소가 발견되었다. 이를 해결하기 위하여 광주과학기술원 국제환경연구소 등 여러 국제기관들이 비소를 쉽고 안정적으로 처리할 수 있는 나노 막여과를 이용한 수처리 장치와 흡착제를 활용한 처리시설 등을 개발, 보급하여 현재에도 운영 중이라니 고무적인 일이 아닐 수 없다.

이러한 비소중독은 지하수뿐만 아니라 광산개발 지역에서 오염 사례가 보고되었다. 1920년부터 개발된 일본 미야자키현 다카치호 지역의 비소광산지역 마을에서 비소중독에 의한 수많은 희생자가 발생하였다. 한편 중국의 귀주 지역에서 비소를 포함한 석탄을 이용하였던 노동자들의 비소중독에 의한 피해사례도 학계에 보고되었다. 우리나라의 경우 금광을 개발한 이후 버려진 찌꺼기인 광미더미에서 유래한 비소들이 생태계로 이동하여 비소오염을 일으킨 사례도 보고된 바가 있다. 그 이동 경로는 우리나라의 경우 주로 6~8월 여름 사이에 강우가 집중되어 그 기간 중 산 위에 버려져 있던 광미더미들이 빗물에 떠 내려와 하천을 오염시킨다. 대부분의 논농사 지역에서는 이러한 하천수를 이용하여 벼를 경작하기 때문

1920년부터 개발된 비소광산의 가행에 의해 수많은 비소중독자가 발생한 일본 미야자키현 다카치호 지역의 도로쿠광산 사례

| 국내 폐광지역에 산재한 비소를 포함한 광미 사진

에 이를 통하여 비소가 오염되어 벼에 비소가 농축되고 최종 수확된 쌀에서도 기준치 이상의 비소가 다량 검출될 수 있다는 것이다. 다행히 한국광해광업공단에서는 이러한 폐광지역의 비소 문제를 파악하여 광미 및 오염토양을 안정화라는 기술을 통하여 생태계로의 이동을 제한하고 있으나 시공 후 시간이 경과하면 일부 비소가 다시 용출되는 사례가 보고되고 있어 이에 대한 철저한 대비가 필요하다.

결론적으로 비소는 지각에 존재하는 미량의 원소이지만 어쩔 수 없이 일부가 용출되어 생태계로 이동하면 여러 복잡한 경로를 거쳐 우리의 환경을 오염시키고 있다는 것을 인지하고 이에 대한 경각심을 가져야 하겠다.

인류세를 사는 우리에게 위기로 다가오는 지구온난화의 문제들

2024년 8월은 우리 인류에게 매우 중요한 결정이 내려진다. 올해 부산에서 열리는 국제지질학총회 IGC 에서 '인류세 Anthracene'의 비준이 이루어질 수 있기 때문이며 인류는 새로운 지질시대에서 살게 되는 것이다. 지질시대는 '대-기-세-절'로 구분되며, 우리가 사는 현재는 '신생대 제4기 홀로세 메갈라야절'인데, 홀로세 Holocene 란 11,700년 전 빙하기가 끝나고 따뜻한 시기가 도래하여 문명이 발전한 시기이다. 인류세라는 용어는 노벨 화학상을 수상한 네덜란드의 대기 과학자 파울 크뤼첸 Paul J. Crutzen 이 2000년대 초 처음 제안한 개념이다. 이는 온실가스 농도의 급증과 질소비료로 인한 토양 변화 등 인간의 활동으로 인해 지구의 물리·화학적 시스템이 바뀌며 만들어진 새로운 지질시대로 설명된다. 새로운 지질시대를 맞이하는 우리는 불행하게도 지구온난화라는 지구 최대의 위기에 놓여 있으며, 이러한 지구온난화는 많은 새로운 문제들을 야기하고 있다.

현재까지 알려진 지구온난화의 대표적인 결과물로는 2019년부터

2020년까지 발생한 호주의 극단적인 산불 사례로 약 5천만 에이커가 불탔다. 이와 함께 최근에는 북반구 역사상 가장 더운 여름이 계속되면서 미국 캘리포니아의 기록적인 산불이 보고되었다. 한편으로는 북극의 빙하가 계속 녹아 2050년에는 북극의 빙하를 더 이상 볼 수 없게 될 것이라는 예상과 함께 무더위가 시베리아를 녹여 기록적인 고온이 산불과 영구 동토층의 손실, 해충의 창궐 등을 가져왔다고도 한다. 미국에서는 허리케인의 발생 빈도가 예상외로 잦아져 이미 정해 놓은 전체 알파벳순의 허리케인 이름 리스트를 다 소진하여 그리스 문자로 넘어가기까지 했다. 뿐만 아니라 지구온난화의 결과로 인도와 방글라데시, 벵골만 지역에서는 역대급으로 강력한 슈퍼 사이클론 '암판Amphan'을 경험하였고, 남태평양 지역에서의 열대성 사이클론 등은 더욱더 강력한 바람을 포함하면서 이전보다 급속도로 발전하고 있다. 날로 극심해지는 중국의 기록적인 여름 홍수도 보고되는 있는 상황에서 인근 동남아시아 태국에서는 최근 최악의 가뭄을 경험하였다. 이밖에 세계에서 생물 다양성의 정도가 가장 높은 습지 중의 하나인 브라질 주변 판타날 습지의 22% 이상이 불에 타서 사라졌다고 한다. 이처럼 전 지구가 지구온난화로 몸살을 앓고 있는 상황이다.

이와 같이 많이 알려진 사례 이외에도 최근에 추가적으로 지구 생태계에서 나타나고 있는 지구온난화의 결과 사례 몇 가지를 설명하고자 한다.

세계적인 저널 『네이처』의 자매지인 과학저널 『네이처 커뮤니케이션스』에 실린 논문(DOI: 10.1038/s41467-021-27101-1)에는 지구온난화로 토양이 데워지면 탄소배출이 더 늘어난다는 내용이 보고되었다. 영국 엑시터대학교와 스웨덴 스톡홀름대학교 공동연구팀은 세계 9천여 곳의 토양을 조사한 결과 평균기온이 올라감에 따라 토양 내 탄소저장량이 급격히 감소하고 있다고 밝혔다. 이는 지구온난화가 대기 중으로의 탄소배출을 증가시켜 기후변화가 가속화하는 현상으로 설명된다. 그 배출량은 토양의 입도 분포에도 영향을 받는데 입자가 작은 점토 성분의 비율이 적은 사립질 토양은 점토가 많은 세립질 토양보다 3배 많은 탄소를 배출한다고 하였다. 이는 세립질 토양은 탄소로 구성된 유기물질이 결합할 수 있는 광물 표면적을 더 많이 제공하기 때문이라는 것이다. 결론적으로 토양에는 대기와 지구상 모든 나무를 합친 것보다 많은 탄소가 저장되어 있기 때문에 작은 비율이라도 토양에서 배출되는 탄소가 증가한다면 기후에 큰 영향을 미칠 수 있다는 것이다.

한편 또 다른 국제적인 저명 학술지 『사이언스』에는 지구온난화로 생물종 전반에 걸쳐 몸집이 작아졌다는 논문이 게재되었다. 영국 스코틀랜드 세인트앤드루스대학교 생물학부 마리아 도넬라스 교수가 이끄는 국제연구팀은 지난 60년간의 다양한 생물 자료를 조사한 결과 1960년 이후 생물의 몸 크기가 평균적으로 크게 줄어든 것으로 나타났다고 보고하였다. 연구진은 이러한 생태계의 변화는 이미 인류세가 시작된 증거라고 주장하면서 분석 결과 96.4%의 생물종에서 크기 변화가 일어났다고 하였다. 조사한 5천여 개 생물 중 3분의 2의 몸집이 줄었으며, 특히 어류 등에서는 작은 종의 개체수가 증가한 것으로 나타났다고 밝혔다. 액체의 온도가 높아지면 그 속에 기체가 더 적게 녹는 원리로 지구온난화 결과 해수의 온도가 높아지면 물속 산소 또한 줄어든다. 논문에 의하면 전 세계 해양 산소농도는 1960년과 2010년 사이에 2% 이상 감소하였고, 다음 세기에는 1960년 수준 대비 최대 7%까지 내려갈 것이라고 예상하고 있다. 이러한 상황에서 생물종의 몸집 변화는 급격한 기온 상승에 적응하기 위한 몸부림의 일부로 최적의 몸 크기에서 벗어나면 개체군 지속성에 영향을 미칠 수 있다는 것이다. 연구팀은 지구온난화에 맞춰 동물들이 몸집을 줄이면 더 적합한 환경으로 이동할 능력이 감소하고 기후위기에 대응하기 어려워져 멸종 위험을 받게 된다고 강조하였다. 특히 해양 생태계에서는 현재 온도 상승이 빠르게 이뤄지고 있어 물고기가 기후위기에 대응하기 위해 진화할 수 있는 시간이 부족하다는 것이다. 인류는 생물의 크기가 클수록 많은 자원을 수확할 수 있기에 결과적으로 대형 생물종의 손실은 식량 안보에까지 심각한 영향을 미치는 결과를 가져올 수 있다.

한편으로는 아마존강이 혹독한 가뭄으로 신음하면서 강 수위가 13.59m까지 낮아져 측정 120여 년 만에 최저 수준을 기록하였다는 소식도 보고되었다. 브라질 정부는 아마존의 가뭄으로 강물 높이가 하루 평균 13cm씩 떨어지고 있다면서 이러한 아마존의 가뭄은 지구온난화 영향 때문이라고 설명하고 있다. 이와 같은 백여 년 만의 최악의 가뭄으로 아마존강 수위가 낮아지면서 2천 년 전 사람의 얼굴을 새긴 바위들이 무더기로 발견되었다고 한다. 한 고고학자는 이전보다 광범위하고 다양한 것들이 발견되어서 연구자들이 그 기원을 찾는 데 도움이 될 것으로 본다는 유용하지만 슬픈 소식도 전했다.

　지구온난화로 인하여 지구촌 곳곳에서는 우리가 전혀 예상하지 못하는 일들이 벌어지고 있으며 이는 앞으로 우리가 상상하지 못하는 새로운 결과를 초래할 수 있다는 경고의 메시지로 느껴진다. 지구온난화를 늦추기 위한 인류 전체의 노력이 더욱 필요한 시점이다.

기후위기 시대의 최대 관심사,
물 문제를 고민하다

2019년에 발표된 닐 셔스터먼^{Neal Shesterman}의 소설 『드라이』에서는 생존에 필요한 물이 하루아침에 사라진다면 생길 수 있는 상황을 보여주면서 우리에게 경고한다. 가뭄으로 물이 부족하여 물의 소중함에 대한 경고가 방송되다가 어느 순간 예고 없이 단수가 시작된다. 이로 인해 사람들은 집단으로 패닉 상태에 이르러 마트를 휩쓸고 다니게 되고, 마을은 화장실 오물 등 온통 쓰레기로 뒤덮인다. 결국은 아기에게 분유를 타 줄 물마저 없어져서 사람들은 물을 찾아 헤매다가 인간성을 상실하는 워터좀비가 되어 간다. 사람들은 물을 비축해 둔 곳을 알게 되어 굶주린 짐승처럼 모여들고 국가는 재난에 대한 해결책보다는 이러한 험악한 시위와 폭동을 통제하기 위하여 계엄령까지 선포한다. 정말로 이러한 사태가 온다면 인류의 미래는 어떻게 될까 두려울 뿐이다.

이제는 누구나 다 아는 이야기가 되었지만, 지구의 평균기온은 지난 세기 동안 지속적으로 상승해 왔으며, 1970년대 이후로 그 상승속도가 가속화되고 있다. 이러한 지구온난화의 가장 주요한 원인은 산업시설로부터 배출된 이산화탄소, 메탄가스 등으로, 이러한 물질은 여러 가지 환경문제를 악화시켜 왔다. 지구온난화현상은 갈수록 심화되고 있으며 미국 국립해양대기청 연구결과에 따르면 2016년 9월 지표면 온도는 20세기 평균보다 약 1.29℃ 상승하였다고 한다. 지구온난화에 의한 기후변화는 대기권, 수권, 생물권 등 자연계에서 다양한 지구화학적 메커니즘에 의해 불규칙적인 물질순환을 야기할 수 있다. 특히 이로 인해 발생되는 불규칙한 태풍, 가뭄, 홍수 등의 자연재해는 인류의 생존에 직접적인 영향을 미칠 수 있다. 이러한 급격한 온난화로 인해 이상기후와 같은 예측하기 어려운 기후변화 발생이 빈번해지면 대부분의 상황에서 언제나 가장 긴박하게 대두되는 문제가 바로 물 문제이다.

몽골은 전통적으로 건조한 기후(일 년 강수량 약 300mm)를 나타내는 지역이었지만 최근 기후변화로 인해 홍수, 가뭄 등 다양한 형태의 복합적인 이상기후가 발생하고 있다. 몽골의 강줄기는 수시로 말라가고 있으며, 알타이 고비 지역의 사막화가 진행되는 반면 울란바토르에서는 우박, 폭우를 동반한 피해가 보고되고 있고, 2016년도에는 바양울기 지역에 홍수에 의한 피해가 발생하기도 했다. 다른 한편 기후변화로 인해 최근 남태평양 지역에서 열대성 사이클론의 발생이 빈번해지고 있는데 이는 기후변화로 인해 강력한 엘니뇨 등이 발생하여 자연재해를 일으키는 것으로 판단된다. 특별히 2016년 발생한 사이클론인 '윈스톤'은 피지, 바누아투 등 남태평양 국가에 큰 피해를 입혔는데 남태평양 지역은 사이클론을 대비할 인프라가 갖추어지지 않아 피해 복구에 어려움이 컸었다. 열대성 사이클론이 지나간 마을에는 안전한 식수가 부족하여 수인성 전염병이 퍼졌으며, 특별히 장티푸스 환자가 급증하였다는 세계보건기구^{WHO}의 조사 결과도 있었다.

2016년 세계보건기구의 자료에 따르면 매년 수인성 질병으로 약 340만여 명이 죽음에 이르고 있으며 수인성 질병의 원인 중 식수가 가장 중요한 원인을 차지한다고 한다. 수인성 질병은 대부분 콜레라, 장티푸스, 설사인데, 매년 설사로 84만 명 이상이 사망하고 있으며 이 중 34만 명이 5세 이하 어린이라고 한다. 수인성 질병으로 인한 사망률은 아프리카와 동남아시아에서 매우 높게 나타나는데 WASH ^{Water, Sanitation and Hygiene} 프로젝트 결과 설사 관련 질병을 일으키는 관련 요인 중 식수가 가장 큰 비중을 차지하고, 식수와 주변 위생관리를 통해 58%의 발병률을 낮출 수 있다고 한다.

유엔의 새천년개발목표^{MDGs: UN Millennium Development Goals}를 통해 2015년까지 저개발국가의 식수환경에 대한 많은 개선이 이루어졌다. 그러나 아직도 6억 6천3백만 명이 지표수보다는 비교적 안전하다고 여겨지는 우물이나 지하수를 확보하지 못하고 있으며, 이 중 1억 5천9백만 명은 오염된 지표수에 직접적으로 노출되어 있다. 우물이나 지하수의 사용비율이 높은 아프리카 및 동남아 일부 지역의 수인성 질병 발병률이 오히려 높은 것으로 보고되고 있는데, 이는 우물과 같은 개선된 식수원의 확보가 항상 안전한 수질을 보장하지는 않을 수도 있다는 점을 말해준다. 대부분의 개발도상국들은 대규모 및 고도 정수처리 기반시설이 부족하고 물 관련 전문가가 부족하여 이러한 시설이 있다 하여도 시설 유지 및 관리가 어려운 실정이다. 따라서 단순한 우물, 지하수의 확보를 넘어 보다 보편적으로 사용할 수 있는 개발도상국을 위한 현지 적용형 정수장치가 시급히 필요하다. 이를 위해 개발된 수처리장치인 중력식 막여과장치GDM: Gravity-Driven Membrane는 물 무게를 압력으로 사용하기에 매우 유용하게 이용되고 있다. 이 장치는 별도의 에너지 및 소모품이 필요 없으며 간단한 운영 방법으로 수중에 존재하는 입자성 오염물질 및 세균을 매우 높은 효율로 제거할 수 있다. 또한 필터의 장기간 사용을 위한 역세척Back washing이 필요 없으며, 유지 및 보수가 쉽고 설치 방법이 매우 간단하여 현지 주민들이 직접 설치 가능하여 가정용 및 간이 상수도 형태로도 활용가치가 매우 높은 적정기술이다. 이러한 중력식 막여과장치는 다양한 장점을 가지고 있다. 결론적으로 이 장치는 정수처리 과정에서 중력만을 이용하기 때문에 에너지 소모가 전혀 없으며, 병원성 미생물, 박테리아를 효과적으로 99.9% 이상까지 제거가 가능하다.

또한 용도에 맞게 막의 크기를 변경할 수 있기 때문에 개인용 정수 장치부터 마을 단위용까지 활용 가능하다. 현재까지 광주과학기술원^{GIST} 국제환경연구소를 중심으로 마을단위용, 가정용 등 사용 목적에 따라 다양한 형태로 제작된 중력식 막정수장치가 20여 개국에 2백여 대 기증되었다. 특별히 피지, 몽골, 필리핀, 캄보디아, 인도네시아 등에서는 국제기구와 공동으로 설치한 후 계속적으로 현장테스트를 추가 진행 중이며, 사용자 편의성 및 실용성을 고려하여 제품 디자인 설계도 업그레이드되고 있다. 이러한 사업들은 향후 날로 심각해지는 물 문제를 해결하기 위한 방향을 제시하고 있다고 하겠다.

| 마을용 중력식 막여과장치의 단면도와 키리바시 현장에 설치된 마을 단위 중력식 막여과장치

현장에서 조립이 가능한 가정용 중력식 막여과장치와 다양한 형태의 가정용 중력식 막여과장치
완제품

크레용 비누·정수기… 저개발국 돕는 한국 과학

기술 목마른 지구촌에
과학봉사 온정의 손길

언론에 소개된 광주과학기술원의 중력식 막여과장치. (좌) 조선일보, 2016.7.7., (우) 중앙일보,
2006.11.10.

글래스고의 COP26 참가기

코로나로 인하여 20개월 가까이 국외 출장을 못가는 상황이 지속되다가 영국 글래스고에서 개최되는 COP26에 참가하기 위하여 2021년 11월 3일 인천공항을 출발하였다. COP26은 제26차 유엔 기후변화협약 당사국총회를 말하는데 COP는 'Conference of the Parties'의 약자로 당사국총회를 뜻하며, 당사국이란 유엔기후변화협약UNFCCC: United Nations Framework Convention on Climate Change 가입국을 의미하고, 숫자 26은 회차를 말한다.

기후변화협약UNFCCC을 좀 더 설명하자면, 1992년 브라질 리우데자네이루에서 개최된 유엔환경개발회의UNCED에서 채택되어 1994년 3월 발효된 협약이다. 필자가 영국에서 박사과정을 다니던 시절 지도교수인 Iain Thornton이 바로 이 리우 회의에 다녀오셨던 것을 기억한다. 현재 195개국 및 유럽연합EU이 가입하고 있다. 우리나라는 1993년 12월에 가입하였고 주요 기구로는 당사국총회와 산하 상설부속기구 및 협약 사무국 등이 있다. 당사국총회는 최고의 의사결정기구로서 1995년부터 매년 1회 개최되어 왔다. 당사국총회 중 파리에서는 "지구 온난화를 산업화 이전 온도보다 1.5℃ 이하로 제한하고 공동 노력을 강화하자"는 파리기후변화협약(줄여서 파리협정)이 맺어졌다.

전 세계적 위협인 기후변화에 대응하기 위한 방안을 논의하는 제26차 유엔기후변화협약 당사국총회가 2021년 10월 31일부터 11월 12일까지 산업혁명의 발상지 중 하나인 영국 글래스고에서 열렸다. 기후변화협약 연장선상에 있는 총회를 지도교수님의 발자취를 따라 거의 30년 후에 필자가 참석하게 되었다는 것은 영광스러운 일이 아닐 수 없다.

전 세계 기후변화 대응을 위하여 선진국 및 개발도상국의 협력 중요성이 더욱 증가하고 있다. 특히 국제사회는 기후변화 대응에 있어 기술의 중요성을 인식하고 기술개발 및 이전을 촉진하기 위하여 기술 메커니즘을 설립하는 데 동의하였다. 이러한 목적으로 2013년부터 실질적으로 운영을 시작한 기후기술센터네트워크^{CTCN: Climate Technology Centre and Network}는 UN기후변화협약하에서 기후변화 대응을 위한 국가 간 기술이전을 지원하고 네트워크 및 정보 공유를 촉진하는 역할을 수행한다. 필자가 2019년부터 2022년까지 소장으로 있었던 광주과학기술원 산하 국제환경연구소는 이러한 CTCN의 멤버이며, 2021년부터 유엔기후변화협약 당사국총회의 옵저버 자격을 취득하여 주도적으로 이번 총회에 참여하게 되었다.

| COP26 행사장 내 · 외부 및 한국관에서의 행사 사진

또한 한국관에서 진행된 국제협력 워크숍을 공동주최하게 되어 필자는 발표자로도 참석하게 되었다.

2021년은 파리협정이 본격적으로 시행되는 원년으로 의장국인 영국은 파리협정 목표 달성을 위한 각국 정상의 의지를 결집하기 위해 1~2일 특별정상회의World Leaders' Summit를 개최하였다. 특별정상회의에는 유엔기후변화협약 당사국 197개 국가 중 우리나라를 비롯한 미국·캐나다·독일·프랑스 등 130여 개국 정상들이 참석하였고 계속적으로 감축·적응·재원·기술이전 등의 분야에서 총 90여 개 의제를 논의하였다. 그중 최대 관건은 국제탄소시장에 대한 합의를 도출해 파리협정 세부이행규칙Paris Rulebook을 완성하는 것이었다. 파리협정 채택 이후 당사국들은 수년간의 협상을 거쳐 파리협정의 이행에 필요한 규칙 대부분을 마련해 왔다. 애초에 주최국 등의 이번 회의 목표는 2030년까지 전 세계의 기후변화 대응을 강화하며 석탄발전을 퇴출하고자 하는 것이었다. 그러나 이러한 기대와 달리 국제사회가 석탄의 '단계적 감축phase down'에 합의하는 수준에서 제26차 유엔기후변화협약 당사국총회COP26가 폐회했다. 합의문 초안에 담겼던 석탄의 '단계적 퇴출phase out'이 막판에 인도 등의 반발로 사라지고 크게 후퇴한 결과였다. 이에 알록 샤마Alok Sharma COP26 의장은 부실한 성과에 사과했고, 기후환경단체는 'COP 장례식'을 열었다.

이번 COP 회의를 다녀오면서 느낀 것은 회의장 안팎의 분위기가 너무 다르다는 것이다. 회의장 안의 분위기는 뭔가 확실한 목표점을 인지하고 있지만 각국의 서로 다른 이해관계로 첨예하게 대립하여 이를 이행하기 위한 합의를 이끌어 내기가 거의 불가능해 보였다는 것이다. 그러기에 기후변화의 시계를 돌리기는커녕 늦추는 것조차도 제대로 하지 못했다는 것이다. 회의장 밖에서는 경찰들이 둘러싼 가운데 연일 NGO 단체들의 데모가 진행되었다. 코로나로 가뜩이나 출입이 어렵고 기다리는 줄이 길어 입장에 2~3시간이 걸리는 와중에 데모대와 뒤섞이다 보니 개회 초반에는 회의장 주변이 완전 아수라장이었다. NGO들이 외치는 내용들은 실질적으로 어떤 사안에 대하여 반대를 주장하여 확실한 무엇이 있는 것처럼 보이지만, 사실상 그 주장이 너무 극단적이고 도대체 주장하는 내용의 달성을 위해서 누가 무엇을 어떻게 해야 하는지에 대한 구체적인 해결 방안 제시가 애매모호하였다. 결국 각국의 주장뿐만 아니라 회

| 추운 날씨에도 회의장 밖에서 다양한 구호를 외치고 있는 NGO 회원들

의장 안과 밖의 시각차 또한 너무 달라 도저히 접점을 이루지 못할 것 같았고 이것이 바로 기후변화에 맞닥뜨린 우리의 상황이 아닐까 하는 것을 더욱 실감하게 되었다.

이렇게 아쉬운 회의였지만 오랜만에 스코틀랜드 지방을 방문한 다는 것은 기쁨 그 자체였다. 회의가 열린 글래스고는 2만 명이 넘는 참가자를 수용하기에는 숙박시설이 태부족하여 호텔비가 하룻밤에 백만 원 이상으로 뛰었기에 우리 일행은 하는 수 없이 에든버러에 머물면서 글래스고로 매일 출퇴근을 해야 했다. 덕분에 우리는 글래스고에서 벗어나 고풍스러운 에든버러의 밤을 만끽할 수 있었다. 어찌 보면 고마운 일이 아닐 수 없었다. 글래스고는 스코틀랜드 최대의 항구 도시로 영국 본토 내에서 세 번째로 큰 도시이다. 16세기에 클라이드강을 통한 무역이 전개되었는데 아메리카대륙에서 생산된 담배, 카리브해에서 생산된 사탕 등 여러 물품이 이곳을 통해 영국에 전해졌다. 글래스고는 이러한 혁신적이며 실용적인 분위기로 영국의 현대문명에 크나큰 기여를 한 도시로 뽑힌다고 한다. 산업혁명 시대에는 랭커셔주에서 채굴된 석탄, 철광석을 통해 공업화가 전개되었는데 글래스고는 면직물 산업, 해운업, 조선업의 중심지로도 여겨졌었다. 증기기관을 발명한 제임스 와트가 이곳에서 자신의 사업을 시작하였다고 하니 산업혁명에 중요한 역할을 담당한 도시임에 틀림없다. 반면에 에든버러는 1437년부터 스코틀랜드의 수도로 문화, 정치, 교육, 관광의 중심지 역할을 하고 있다. 올

| 에든버러와 글래스고(하단 우측)의 대조되는 풍경

드 타운의 아름다운 에든버러성은 12세기에 지어졌으며, 이 성이 지어지기 3,000년 전부터 사람이 살고 있었던 흔적이 있었다고 한다. 이렇게 두 도시는 스코틀랜드 동서 정반대에 위치하고 있으며 서로 기후도 다르고 역사도 다르다. 그러나 스코틀랜드 계몽주의가 글래스고와 에든버러 이 두 도시를 중심으로 조화롭게 형성되었다고 하니 여러 다양한 목소리를 하나로 만들어 내지 못한 COP26의 결과와는 묘한 대조를 보인다.

회의 결과만큼이나 귀국하는 발걸음 또한 더디고 무거웠다. COP26 회의장에 들어가기 위해서는 매일 같이 코로나 자가진단 테스트 검사 결과를 사이트에 올려 사전 승인을 받아야만 했다. 귀국편 비행기를 타기 위해서는 이틀 전에 공항에 가서 PCR 검사를 받고 그 결과에서 음성이 나와야만 탑승이 가능했다. 이렇게 어렵게 돌아온 인천공항은 모든 곳이 텅 비어 있는 유령 터미널 같았다. 코로나 같은 전염병으로 이렇게 모든 것이 제약을 받는 정도에서도 상황이 이러한데, 만약 현재와 같이 우리가 여전히 기후변화에 대응할 적당한 합의점에 이르지 못하고 이런 상태가 지속된다면 과연 인류의 미래는 어떻게 될까 하는 무서운 생각을 떨쳐낼 수가 없었다.

영국에서의 코로나 PCR 검사 결과, 인천공항에서 입국 심사과정에서 통과하는 데스크마다 붙여
준 스티커와 텅 빈 인천공항 제2터미널 안팎의 모습

02

지구촌을 돌아보며
경험한 소소한 이야기

이쑴과 예다에서 배우다

한국에서 불볕더위가 한창이던 2013년 7월, 필자는 벤처왕국의 비밀을 알아보고 배우기 위해 인천을 출발하여 12시간가량의 비행 끝에 이스라엘 텔아비브의 벤구리온 국제공항에 도착하였다. 다음 날 아침부터 빡빡한 일정이었기에 늦은 저녁에 도착하였지만 다시 기차를 타고 80km가량 북쪽에 있는 도시 하이파로 이동하였다. 10년 이상이 지났지만 당시 기차 안에서 만났던 이스라엘의 젊은 대학생들의 개방적인 행동과 친절함이 아직도 기억에 생생하다.

하이파는 이스라엘에서 3번째로 큰 도시로 지중해에 접한 북부에서 가장 큰 항구도시이다. 이스라엘의 다른 도시에서는 아랍인들이 대놓고 소외당하는 것과 다르게 하이파는 유대인들과 아랍계 기독교도, 이슬람교도들이 평화롭게 사는 모범적인 조화를 이룩한 도시로 알려져 있다. 이스라엘에서의 첫날 밤을 하이파의 언덕 위에 위치한 호텔에서 보냈다. 다음날 아침 일찍 깨어 창밖으로 비하이 정원을 잠시 감상한 후 첫 번째 방문지인 테크니온−이스라엘 공과대

| 테크니온의 정문

학교 Technion-Israel Institute of Technology 로 향했다. 테크니온은 1924년에 설립된 이공계 중심대학이며, 3명의 노벨상 수상자를 배출한 이스라엘 최고의 이공계 명문 대학이다. 이공계 부분에서만큼은 예루살렘 히브리대학교와 양대 산맥으로 여겨진다고 한다. 그곳에서 산학협력 책임자인 교수와 만나 양 대학 간의 협력 방안을 논의하였다. 특별히 첫인사 때 책임 교수가 자신을 소개하면서 본인은 교수이기도 하지만 현재 예비군 대령이며 언제든지 싸우러 나갈 준비가 되어 있다는 점을 강조했던 것이 기억이 난다. 아쉽지만 짧은 테크니온 방문을 뒤로하고 예루살렘으로 가는 버스를 타러 출발해야 했다. 이른 오후에 히브리대학교 The Hebrew University of Jerusalem 에

서의 회의와 다음날 '이쑴Yissum'을 방문하는 일정이 빡빡하게 잡혀 있었다. 하이파에서의 짧은 여정 탓에 성서에 나오는 유명한 갈멜 산Mt. Carmel과 450여 종의 다양한 꽃과 나무가 심겨져 있는 세계문 화유산 바하이 정원(궁전)을 제대로 감상하지 못한 것이 아직까지도 아쉽다.

히브리대학교에서 만난 교수들과 함께 한 만찬
이스라엘 맥주와 와인이 빠질 수는 없다.

허름한 단층 건물의 이쑴 외부 모습. 그러나 내부에서는 자랑스러운 과학전통과 벤처산업에 대한 자부심을 느낄 수 있었다.

히브리대학교의 방문 목적은 필자가 근무하는 대학교의 학생들이 이스라엘의 창업 유전자를 배우고 체험할 기회를 만들기 위해서 지속적인 협력을 제안하고자 하는 것이었다. 그중에서도 제일 중요한 곳은 이쑴과 같은 대학 내 기술지주회사를 방문하는 것이다. 기술지주회사라 함은 대학이 보유한 특허 등의 기술을 현물 출자하여 자회사를 설립하고, 경영지원을 통해 자회사를 성공시켜 수익을 창출하게 하는 전문조직이다. 특히 개발된 과학기술의 특허화 등을 거쳐 회사를 통해 상용화하는 것을 가능케 하는 조직이다. 이스라엘에서는 궁극적으로 인간의 삶을 풍요롭게 만드는 데 기여하는 과학기술의 중요함이 어느 국가보다도 강조되고 있으며, 이러한 대학 내 기술지주회사가 이스라엘 벤처산업의 기초인 것이다. 우리가 방문하였던 이쑴은 학생 기숙사 인근에 위치한 허름한 1층짜리 건물이었다. 그러나 이러한 곳에서 보유한 특허가 수천 개에 이르고, 많은 자회사를 통해 방문 당시 기준으로 로열티 수익은 연간 6천만 달러(약 676억 원), 기술 이전을 통한 파생수익은 20억 달러(약 2조 2,514억 원) 이상이라는 것이다. 당시의 충격과 부러움이 아직까지도 잊히지 않는다.

다음날 필자는 세계 5대 기초과학 연구소로 꼽히는 와이즈만 과학연구소 Weizmann Institute of Science 를 방문하였다. 이 연구소는 1934년 이스라엘 초대 대통령 하임 와이즈만 Chaim Weizmann 이 설립하였는데, 생화학·생물학·수학·물리학 등 순수 과학만을 연구하고 있으며, 다수의 노벨상 수상자를 배출하였다. 와이즈만 연구소에서 필자가 중점적으로 방문하였던 곳도 이스라엘의 벤처산업의 또 다른 모태인 '예다 Yeda'였다. 예다는 1959년 세계 최초로 설립한 대학 내 기술지주회사로 전립선암 진단기술이나 휴대전화에

레호보스의 와이즈만 과학연구소와 캠퍼스 내의 와이즈만 하우스. 설립자인 이스라엘 초대 대통령 하임 와이즈만의 생전 저택이다.

안식일에 호텔에서 내려다본 예루살렘 기바트람 구역(Givat Ram District)의 주변 정경. 길에는 차도 다니지 않고 버스터미널에 운행을 중지한 모든 버스들이 주차되어 있다.

들어가는 스마트카드를 개발한 곳으로도 유명하다. 예다 방문 후 카트를 타고 꽃과 숲이 우거진 캠퍼스를 가로질러 설립자인 하임 와이즈만 부부의 사저를 잘 보존해 놓은 곳인 와이즈만 하우스도 방문하였다.

귀국에 앞서 예루살렘에서의 마지막 날은 마침 반나절 정도의 여유가 생겼다. 통곡의 벽Wailing Wall 도 둘러보고 호텔 인근의 이스라엘 박물관The Israel Museum, Jerusalem 과 고난의 길Via Dolorosa 을 보기 위해 호텔을 나서려는 참이었다. 그런데 호텔의 엘리베이터가 한참을 걸려서야 우리 층에 도착한 것이다. 왜 그런가 살펴보았더니 엘리베이터가 혼자 자동으로 돌아가면서 매 층마다 멈추고 있던 것이었다. 아하! 이게 말로만 듣던 '사바스Sabbath?' 이스라엘에 가기 전 예전에 성지순례를 경험해 본 지인으로부터 이스라엘에 가면 사바스에 유의하라는 말을 들은 것이 생각이 났다. 이스라엘의 안식일은 금요일 해 질 무렵부터 시작된다. 택시나 버스도 종적을 감추고 식당과 카페, 주점, 기념품점도 문을 닫는다. 한국에선 '불금'이라 불리는 금요일 밤이 이스라엘에선 욕망이란 불씨를 잠시 꺼두어야 하는 안식일의 초입인 것이다. 토요일 밤까지 이어지는 이 같은 안식일을 현지 말로는 '사바스'라 부른다. 사바스 때는 층수 버튼을 누르는 '일'조차도 하면 안 되기 때문에 손을 대지 않고도 이용할 수 있는 엘리베이터가 따로 있고 매 층마다 자동으로 멈춰서며 오르락내리락하는 것이다. 이를 위해 2001년 이스라엘 의회인 크네셋

유대인들의 가장 성스럽고 중요한 장소 중 하나인 통곡의 벽. 이스라엘 예루살렘 구시가지 '성전산(Temple Mount)'의 서쪽에 세워진 길이 50m · 높이 20m 크기의 벽이다.

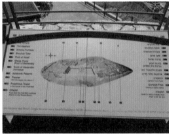

1965년에 개관한 예루살렘 기바트람 언덕 근처의 이스라엘 박물관. 세계적으로도 인정하는 박물관으로 야외마당에는 예수님 당시의 예루살렘 성을 50분의 1로 축소해 놓은 복원 모형이 있다.

비아 돌로로사는 라틴어로 '고난의 길(Way of Suffering)'이다. 예루살렘에서 갈보리까지 십자가를 지고 가신 예수님의 고난의 길을 의미한다. 무덤교회 내부에 예수님의 무덤이 있다.

Knesset은 건물을 지을 때 자동 운행 엘리베이터를 한 대 이상 의무적으로 설치하도록 하는 등의 내용을 담은 '사바스 특별법'을 만들었다는 것이다. 가정에선 요리라는 '일'을 하지 않도록 토요일에 먹을 음식은 미리 준비해두기도 하고 사람들은 이날만큼은 휴대폰과 컴퓨터의 자판도 건드리지 않는다고 한다. 이날 유대인들은 일을 하지 않기 때문에 택시도 흔치 않아 다른 종교를 가진 기사들(주로 아랍계)이 운전하는 택시만 운행하며 필자는 평소보다 훨씬 비싼 택시비를 지불한 기억이 있다.

이런 양면적인 모습을 가지고 있는 이스라엘에서 기술지주회사를 통한 상용화가 성공한 이유는 무엇일까? 많은 전문가들은 이는 "이스라엘 특유의 개방적이고 통합적인 학풍 덕분"이라고 말한다. 이쑴과 예다는 히브리어로 실행 Application 과 지식 Knowledge 을 의미한다. 이러한 성공적인 과학기술을 통한 혁신의 결과가 이스라엘에서 아직까지 종교적으로 고집스럽게 사바스를 지키며 두뇌조차도 쉬게 하려는 덕을 본 것은 아닐까? 필자는 쉬지 않고 일하기보다는 적당한 쉼이 오히려 국가 경쟁력 향상에 도움이 될 수도 있다는 것을 새삼 느끼게 되었다.

바르셀로나에서 로그로뇨 찍고 빌바오까지

코로나가 끝나가면서 TV에는 연예인들이 끼리끼리 팀을 이뤄 유럽을 여행하는 프로그램이 넘쳐나고 있다. 그중에서 남자 배우들이 대표적인 남유럽국가인 스페인, 이탈리아를 여행하는 프로그램이 있어 약 9년 전의 여행을 떠올리게 한다. 특별히 스페인은 워낙 땅이 넓어서 남쪽으로는 따뜻한 지중해 연안이 있고 북쪽에는 프랑스와 천연 국경 역할을 하는 피레네산맥이 있기에 한 나라 안에서도 각 지역마다 다양한 기후와 문화를 보여준다. 필자는 2015년 성탄절을 전후하여 스페인의 바르셀로나를 기점으로 하여 바스크와 카탈루냐 지방을 여행할 기회가 있었다.

특히 카탈루냐와 바스크 지방을 주목하게 된 것은 그 지역들이 한때 스페인 분열의 뇌관으로 스페인에서 분리독립 갈등이 심각했던 지역이기도 하고, 그 지역만의 독자적인 문화를 형성해 왔다는 점도 있었다. 엘 클라시코El Clasico는 FC 바르셀로나와 레알 마드리드의 축구경기를 일컫는 단어이다. 원래 두 팀의 라이벌 의식에서 비롯되었는데 여기에 민족적 수난의 시대에 이 의식을 민족주의로 고취시키면서 카탈루냐 민족의 단결을 유도하고자 강조되었다고도 한다. 이러한 흐름에 2017년 10월 27일, 카탈루냐 공화국으로 공식 독립 선포를 함에 따라 미승인국 목록에 등재되기도 하였으나 결국 스페인 정부에 굴복하고 카탈루냐 의회 조기 해산을 받아들이면서 사실상 과거의 일이 되었다. 사실 카탈루냐보다 독립을 위한 분쟁에 스페인 정부가 촉각을 세웠던 또 다른 화약고는 바스크 지방이다. 유럽에서 가장 과격한 투쟁으로 이름을 떨쳤던 유럽 최후의 분리주의 무장단체가 탄생한 곳이 바스크였다. 다행히 스페인 정부의 우려가 무색하게 근래에 들어서 바스크는 매우 고요하다.

카탈루냐 주도 바르셀로나는 널리 알려진 유명한 관광지가 많기에 여기서는 '칼솟타다'를 먹어 본 경험을 소개하고자 한다. 칼솟은 카탈루냐의 대표적인 채소로 대파와 비슷하지만 파는 아니고 양파 종류라고 한다. 대표적인 칼솟 생산지는 바르셀로나와 타라고나 사이에 위치한 '발스'로 11월부터 이듬해 3월까지가 제철이라고 한다. 칼솟타다는 칼솟을 직화에 구운 후 로메스코 소스에 찍어 먹는데 직화에 검게 그을린 칼솟의 껍질을 벗겨내고, 하얗게 나온 속살 부분을 먹는다. 필자를 초대해준 분은 바르셀로나대학교에서 오랜 기간 근무하다가 퇴임하신 Jaume Bech Borras 명예교수님으로 필자의 대학교 은사님의 동료분이시기도 하다. 한국에서 찾아온 동료의 제자를 위하여 친히 운전하여 몰린스 데 레이에 위치한 'La Masia

(우측부터 시계 방향으로) 바르셀로나대학교의 Jaume Bech Borras 명예교수님과 함께. 검게 그을린 칼솟타다와 카탈루냐 지방의 강화포도주 Ratafia Russet를 맛본 칼솟 맛집 La Masia Can Portell-Molins De Rei

Can Portell'이라는 칼솟 맛집으로 데려가 주셨다. 연세가 많으신데도 여전히 성탄절에는 성탄 카드를 이메일로 보내주시는 마음이 따뜻하신 분이다.

　바르셀로나에서의 일정을 마무리하고 다음 목적지인 로그로뇨를 향하여 출발하였다. 비교적 한국인들에게 낯선(주로 젊은 배낭여행객들에게 유명한) 로그로뇨를 찾아가게 된 경위는 다음과 같다. 바르셀로나에서 최종 목적지인 빌바오까지는 약 7시간가량이 걸리기에 필자

혼자 운전을 해서 바로 가기에는 좀 무리였다. 그래서 출발 전 한국에서 여정을 계획할 때 중간의 어느 지점에서 하루 쉬어 가기로 결정한 것이다. 경유지를 찾고자 열심히 인터넷을 뒤지던 중 발견하게 된 보석 같은 도시 로그로뇨! 로그로뇨의 매력은 도시 어느 곳에서든 와인 명산지인 리오하의 와인을 착한 가격에 마실 수 있다는 것. 그 이유 때문인지 와인과 함께 즐기는 다양한 타파스가 발달하여 로그로뇨 대성당에서 400m 떨어진 라우렐 골목과 어거스틴 골목에 타파스 골목이 있다는 것이었다. 바쁜 일정이었지만 드디어 필자는 이국에서 평범한 현지의 일상에 빠져볼 수 있는 절호의 기회를 맞이하였다. 역시 예상했던 대로 현지에 도착하여 보니 타파스 골목을 안내하는 지도까지 준비되어 있었기에 도착 이튿날 아침부터 코끼리가 되기로 했던 것이다. 로그로뇨에선 술에 취한 모습을 두고 '코끼리 코^{Trompa} 가 됐다'고 한단다. 그래서 이 타파스 골목을 '트롬파스^{Trompas}'라고도 부른다니 이곳에서 코끼리가 된다면 내가 찾던 바로 그 천국을 경험하게 될 것이리라. 이곳에서의 일정은 대칭을 이루며 나란히 뻗은 타파스 골목을 따라 각양각색의 타파스 바를 방문하는 것이다. 한곳에 20분 내외로 머물면서 가벼운 와인 한잔과 다양한 종류의 작은 타파스를 맛보는 재미를 즐긴다. 어떤 바는 버섯이 특산물, 어떤 바는 돼지 볼살, 또 다른 바는 새우와 파인애플 등 저마다 특색 있는 타파스를 선보이고 있기에 메뚜기처럼 여기저기 튀어가면서 배회하게 된다. 필자는 과거에 여러 나라 여

| 레드 와인으로 유명한 리오하의 주도 로그로뇨 중심가

| 로그로뇨의 길거리 카페와 특별한 아로마의 지역생산 생맥주(Estrella 1906 Special Reserva)를
따르는 탭

러 도시를 다녀 보았기에 이제는 기억이 뒤섞여 어디가 어딘지 기억이 희미해지기도 하지만 강렬한 로그로뇨 타파스 골목에서의 기억은 절대 지워지거나 헷갈리지 않는다. 물론 그곳에서 마셨던 맥주 'Estrella 1906 Special Reserva'의 강렬한 인상도("Roasted malt and aromatic hops creates a unique flavour and aroma." 로스팅한 맥아와 아로마틱 홉이 독특한 풍미와 향을 만들어낸다는 평).

　하루를 할애하여 이곳에서의 목적을 이룬 후 다음날 아쉬움을 뒤로한 채 빌바오로 차를 몰았다. 바스크 최대 도시인 빌바오의 구겐하임 미술관은 미국 구겐하임 미술관의 분관으로 쇠퇴하는 산업도시였던 빌바오를 세계적으로 유명한 문화 도시로 만들었다. 그 독특한 외관은 도시의 랜드마크가 되었으며 그 덕분에 1997년 이후부터 당시 인구 40만의 도시에 매해 100만이 넘는 관광객이 미술관을 보기 위해 빌바오를 찾는다고 한다. 이로 인해 한 해 1억 유로가 넘는 경제적 파급효과를 누리게 되었고 바스크 지역 전체에서 관광으로 버는 수입도 연간 3억 유로에 이른다고 한다. 덕분에 바스크 지역의 2015년 즈음 1인당 GDP는 3만 유로를 넘었고 이는 바르셀로나가 있는 카탈루냐보다도 높다고 한다. 덕분에 '빌바오 효과' 또는 '구겐하임 효과'라는 말까지 생겼는데 이는 도시의 랜드마크 건축물이 도시 경쟁력을 높이는 현상을 말한다. 혹자는 외부 관광객들의 유입으로 경제가 활성화되고 실업률이 감소하면서 이 지역의 평화에도 기여했다고 한다. 구겐하임 미술관은 60톤 상당의 티타늄 패

널이 외관을 뒤덮고 있는 독특한 디자인이 특색 있는데, 이 얇은 금속판은 날씨에 따라 물결이 흐르듯 움직이며 시시각각 형태와 색상이 변하는 것으로 유명하다. 이외에도 야외 공간에 설치되어 있는 미국 미술가 제프 쿤스^{Jeff Koons}의 사랑스러운 '퍼피^{Puppy}'(빌바오 시민들의 사랑을 받는 12m 높이의 거대한 강아지로 2만 개의 화분에서 피워내는 꽃으로 유명)와 루이즈 부르주아^{Louise Bourgeois}의 대형 거미 '마망^{Maman}'(프랑스어로 엄마라는 뜻이라고 함) 등 20세기 후반의 유명 현대 미술작품을 많이 전시하고 있다.

최근 아랍에미리트의 아부다비 문화관광부는 현재 건립 중인 구겐하임 아부다비 미술관이 2025년에 완공될 예정이라고 발표했다. 아부다비의 미술관은 구겐하임 재단이 최근 진행하고 있는 해외 분관 설립 프로젝트로 중동지역을 넘어서 전 세계의 예술가와 관객이 소통하며 여러 문화 교류를 추진할 예정이라고 한다. 이제 배터

시시각각 형태와 색상이 변하는 것으로 유명한 구겐하임의 티타늄 패널 외관과 빌바오 시민들이 자신의 강아지처럼 사랑한다는 '퍼피'

빌바오 구겐하임 미술관 야외에 전시된 아니쉬 카푸어(Anish Kapoor)의 조각 '큰 나무와 눈(Tall Tree and The Eye)', 제프 쿤스의 '튤립(Tulip)'

리, 바이오, 반도체 등 차세대 3대 산업 분야의 대량 생산이 가능한 유일한 나라일 뿐만 아니라 유명한 K-콘텐츠와 다수의 국제 콩쿠르 우승자를 배출하며 세계인들의 부러움을 받고 있는 문화강국 대한민국도 빌바오, 아부다비와 같이 구겐하임 미술관을 가져 보는 것은 어떨까? 긴 시간 폐광으로 버려져 낙후되었던 강원도가 평창 동계올림픽을 계기로 거듭나기를 원한다면 그 어디쯤에 미술관을 유치하여 기적처럼 되살아날 수 있기를 기대해 본다. 혹시나 이러한 희망이 미술에 문외한인 필자의 공허한 바람이 되지 않기를 바라면서……

미야자키의 멋과 맛 그리고 벗

　미야자키는 일본 규슈섬 남동부 태평양에 접해 있으며 따뜻한 기후와 아름다운 자연으로 둘러싸인 일본의 대표적 관광지이다. 오키나와가 반환되기 전까지는 일본의 신혼여행지로 최고 인기를 끌던 지역이었다고 한다. 일본의 요미우리 자이언츠 등 프로야구팀들의 스프링 캠프용 구장이 있을 뿐만 아니라 우리나라의 두산 베어스 등을 비롯한 여러 프로야구팀이 겨울철 훈련을 위해 오키나와와 함께 가장 자주 가는 곳이다. 연평균 기온은 17.0℃. 연강수량은 2,435mm로 고온다우高溫多雨 지역이다. 영하의 날씨는 거의 없고 3월부터 11월 사이에 반팔을 입고 다닐 정도이다. 이러한 날씨 때문인지 미야자키의 사람들은 느긋하고 온순하다.

　미야자키에서 제일 유명한 곳은 단연 '우도 신궁'이다. 우도 신궁은 미야자키현 니치난해안日南海岸 의 절벽에 있는 신궁으로, 주홍색의 본전本殿 이 동굴 안에 존재하는 희귀한 신사다. 운타마(행운의 흙구슬)라고 불리는 돌을 던지는 '운타마 던지기'도 우도 신궁의 명물

| 우도 신궁과 프로야구팀들이 동계훈련 기간 중 연습경기를 하는 미야자키의 스타디움

이며, 던지기에 성공하면 소원이 이루어진다고 하여 자신의 운을 시험해보는 사람들이 늘 줄을 서고 있었다. 결혼, 부부 원만, 순산을 기원하는 성지로도 알려져 있어 결혼식을 앞둔 예비부부들이 신주(神主, 일본어로는 '칸누시かんぬし')라고 하며 신사에서 일하는 사람에게서 덕담을 듣는 모습을 볼 수 있었다. 미야자키현 해안의 아오시마 섬은 파도 모양으로 형성된 환상적인 암석들이 펼쳐져 있다. 일명 '도깨비 빨래판'으로 불리는 이 암석은 수백만 년 전에 생성되었는데 수성암 또는 층층이 쌓인 단단한 사암과 부드러운 이암이 시간에 따라 겹겹이 층을 이루며 마치 케이크처럼 쌓여 있는 것이다. 수천 년 동안 쓸고 지나간 파도에 의해 부드러운 퇴적물은 천천히 깎이고 씻겨 내려간 후 단단한 사암만 남아 지금과 같이 빨래판 모양의 흔적이 해안 전체에 걸쳐 생성되어 있다.

여행지에서 만나는 또 다른 즐거움은 그곳의 친구들과 즐기는 현지식이다. 미야자키의 유명한 음식은 주로 닭요리로, 튀긴 닭고기를 간장, 식초, 미림 혼합 소스에 적셔 타르타르 소스를 뿌려 먹는 치킨 난반南蠻, なんばん과 미야자키 토종닭地鶏(지도리)을 소금과 후추로 밑간을 한 다음, 뜨거운 숯불에 숯의 색이 묻어나올 때까지 노르스름하게 구워 숯불에 의한 독특한 훈제향이 특징인 지도리 스미비야키 등이 있다. 그럼에도 필자가 제일 잊지 못하는 음식은 미야자키규로 일본의 소고기 와규和牛 중에서도 최고의 육질을 자랑한다. 와규로 말하자면 '와和'는 일본, '규牛'는 소를 의미하는데, 좋은 품

| 미야치쿠 식당에서 맛본 잊을 수 없는 맛의 미야자키규

질의 맛있는 일본산 소고기로 세계적으로도 유명하다. 그중에서도 '미야자키규宮崎牛'라는 것은 미야자키현에서 생산 비육된 쿠로와슈 黑毛和種라는 종의 흑우로 육질 등급이 4등급 이상이어야 하는 조건 이외에도 2017년 4월부터는 '미야자키현 내 종의 수소 또는 가축 개

미야자키의 지도리와 기요타케역 근처 레스토랑의 세프 부부가 만들어 준 토리 사시미. 유자 소스에 곁들여 먹으면 맛있다.

량을 위해 지정된 종의 수소를 1대 선조로 가질 것'이라는 까다로운 조건도 추가되었다고 한다. 이러한 엄격한 기준을 충족한 소고기가 미야자키규로 필자가 갔던 미야치쿠 식당 앞에는 일본의 소고기 관련 공인협회에서 주최하는 경연대회에서 내각 총리(일본어로는 內閣総理大臣)상을 2년 연속 수상했다는 현수막이 걸려 있었다. 이러한 미야자키규는 할리우드에도 진출해서 2018년 아카데미 시상식 후 열린 파티 식재료 중의 하나로 채택되어 참석자들 사이에서 대인기였다고 한다. 아마도 좋은 소고기를 키울 수 있는 천혜의 자연과 기후조건을 가졌기에 가능했을 것으로 보이는데, 필자는 이러한 최급 미야자키규를 직접 불판에서 구워주는 코스 요리를 맛보는 호사를 누렸다.

운이 좋게도 필자는 미야자키가 고향인 친구들을 만나 더 특별한 향토 음식을 맛볼 기회가 있었다. 신선한 토종닭을 이용하여 면허가 있는 전문 요리사만 서빙할 수 있다는 토리 사시미, 미야자키 시내에 있는 잇페이一平 스시집의 원조 레타스 마키 스시(レタス巻き寿司, 양상추를 넣고 만 초밥). 이 스시는 유래가 아주 재미있는데 스시집 사장님이 채소를 싫어하는 가수이자 작곡가인 친구를 위해서 '맛있게 야채를 먹을 수 있는 건강한 스시를 만들자'라는 생각에서 고안한 것이라고 한다. 미야자키에는 이렇게 맛있는 음식을 소개해 준 참 좋은 친구들도 많다. 그중에서도 나와 미야자키의 인연을 처음으로 연결해준 동료가 바로 미야자키대학의 부교수인 Dr. Ohe Kaoru(大榮 薫, 우리는 오헤 센세이라고 부른다. 센세이는 先生이라는 뜻)이다. 미야자키에서 태어나 미야자키대학에서 박사학위까지 다 마치고 지금은 미야자키대학에서 근무하며 거의 60년을 미야자키에서만 살아왔으

| 미야자키대학 정문과 열창 중인 벗 오헤 센세이

며 목소리마저 사근사근한 언제나 상냥하고 친절한 일본인 친구이
다. 첫 만남은 2009년 1월 튀르키예(터키)의 이즈미르에서 열렸던
비소 관련 학회에서로 기억이 된다. 당시 우리는 Ege University의
Nalan Kabay 교수가 주최한 지하수 내 비소 처리 관련 학회에 연사
로 초청되었다. 이후에 공통 연구 관심분야인 비소에 관하여 토론

상단 사진은 Oka Cha(岡茶) 가정식 일식집에서 만난 친구 야자키 요헤이(矢崎 洋平), 필자, 그곳의 주인이자 주방장 오카다 케이지(崗田 圭史). 하단 사진은 크래프트 맥주를 마실 수 있는 Beer Market Base 의 마쓰다 아쭈로(松田 溫郎) 사장

하게 되었고 이후 미야자키대학에서 격년으로 개최되는 비소 관련 학회에 필자를 초청해 주면서 지속적인 만남이 이루어졌다. 특별히 필자는 오헤 센세이의 추천으로 JSPS Japan Society for The Promotion of Science–日本学術振興会 의 펠로십에 선정되어 일본 문부성의 지원을 받아서 2016년 초에 2개월간 미야자키대학에 머물며 공동연구도

하고 일본 내의 많은 지역을 다니며 강연을 할 기회를 가지게 되었다. 오혜 센세이는 전형적인 일본인 학자이다. 꼼꼼하면서도 차분하고 한 가지 연구 주제에 대하여 30년 가까이 몰두한 연구자이다. 이러한 연구자들이 가끔 노벨상을 받는 대박을 터뜨리기도 하는데 이걸 가능하다고 믿고 기다려주는 일본 정부의 연구지원 시스템이 부럽기도 하다. 평소에 얌전하고 차분한 오혜 센세이의 또 다른 일면으로 매우 활동적인 모습도 있다는 것이다. 매주 한 번씩 테니스 동호회에 나가서 운동을 하고 일 년에 한번은 제자들과 같이 하프 마라톤을 꼭 완주하며 노래하는 것을 좋아해 미야자키대학 가수로도 불린다. 요청을 받으면 버스든 야외든 빼지 않고 엔카演歌, えんか를 열창한다. 학창시절에는 양궁도 열심히 하였다고 하니 참 흥미로운 인물임에 틀림이 없다.

이러한 좋은 일본 친구들은 학교에서만 만난 것이 아니다. 일과를 마치고 식당에서 혼밥을 하고 있으면 친절한 일본 어르신들이 필자를 불러 소주 칵테일을 만들어 주기도 했다. 연세가 많으신 어르신들은 영어를 거의 하지 못하였지만 우리는 손짓 발짓으로 대화를 이어가며 친구가 되었다. 또 퇴근 후 펍에서 맥주를 혼자 마시고 있으면서 바텐더 혹은 옆자리 친구에게 말을 걸면 늘 친절하게 동무가 되어 주었다. 이렇게 해서 만난 친구들과 식당 주인이 너무 많아서 다시 미야자키를 가게 되었을 때는 방문해야 할 난골집을 찾아가느라 매일 저녁 바빴다. 이런 우리 사이에 한일관계랄까 이런

친절하게 자신의 일본 소주를 따라주면서 먹는 법을 알려 주었던 은퇴한 유도코치 부부와 친구인 식당 주인. 하단 사진은 규슈 남쪽 지역의 고구마로 만든 소주로 주로 미야자키와 가고시마 지방의 특산물이다.

것은 아무 문제가 되지 않는 먼 나라 이야기였다. 이제는 코로나가 종식이 되어 일본이 열려 드디어 그리운 친구들을 다시 보러 갈 수 있게 되었다. 가게 된다면 물론 필자가 아는 몇 개의 일본어를 꼭 구사할 것이다. "生ビールください(생맥주 한잔 주세요)!"

오겡키데스까?

1980년대 초 필자의 사춘기 시절에 보았던 기억이 남는 영화 중 하나는 〈티파니에서 아침을〉이다. 주인공인 오드리 헵번이 엄청난 드레스와 보석을 걸치고 보석점 티파니의 쇼윈도를 구경하며 크루아상을 먹는 첫 장면은 아직도 생생하다. 혹자는 이 장면이 할리우드 역사상 가장 우아한 영화 오프닝 장면이라고 할 정도이다. 이후 이 정도의 강인한 인상을 남겼던 영화 장면 중 하나는 〈러브레터〉의 주인공 나카야마 미호가 설원에서 외치던 장면. "오겡키데스카? 와타시와 겡키데스!(お元気ですか? 私は元気です! - 잘 지내나요? 저는 잘 지내요!)"이다. 그때부터 필자는 〈러브레터〉의 촬영지인 오타루가 있는 홋카이도를 꼭 가보리라 다짐했었다. 어느덧 세월은 십수 년이 흘러 2016년 2월 홋카이도로의 여행이 성사되었다.

이 기회에 가깝고도 먼 나라 일본의 지리에 대하여 간단히 살펴보고자 한다. 대부분의 한국 사람들은 일본의 관광지는 잘 알아도 의외로 일본의 지리 및 역사에 대하여는 관심이 없는 것 같다. 일본

오타루로의 여행을 꿈꾸게 하였던 영화 〈러브레터〉의 포스터
(ⓒ(주)제이앤씨미디어그룹)

은 6천5백 개 이상의 섬으로 구성되어 있으나 인구 대부분은 4개의 섬에 거주한다. 혼슈本州 는 일본 최대의 섬으로 동경, 교토, 오사카 등 대도시 등이 위치하고 있으며, 일본의 상징이라고 할 수 있는 후지산(3,776m)을 포함하고 있다. 홋카이도北海道 는 일본에서 두 번째로 큰 섬으로 일본의 북쪽에 위치하고 있어 겨울에 눈이 많다. 주요 도시는 홋카이도의 수도인 삿포로로 활화산도 많다. 규슈九州 는 일

본에서 세 번째로 큰 섬으로 혼슈의 남쪽에 위치하고 있어 아열대성 기후를 가지고 있기에 다양한 농산물이 생산된다. 규슈에서 가장 큰 도시는 후쿠오카이며 아소, 유후인 등 한국인에게 널리 알려진 대부분의 온천이 이 섬에 위치하고 있다. 요즘도 남서부의 가고시마에서는 활발한 화산활동이 일어나기도 한다. 시코쿠四国는 가장 작은 섬으로 일본의 국민 작가인 나쓰메 소세키의 소설『봇짱』(도련님)의 배경지인 마쓰야마가 최대 도시이다. 시코쿠에 있는 순례길四国遍路은 9세기 불교 승려인 구카이가 수행했거나 머물렀다고 여겨지는 88개의 '공식' 사찰과 성지들이 포함되어 있다. 이 순례길을 걸어서 여행할 경우, 총 거리는 약 1,200km로 시코쿠의 풍요로운 자연을 경험할 수 있을 뿐만 아니라 현지 주민들과 어울릴 수 있는 많은 기회를 얻을 수 있다고 한다. 필자는 은퇴 후에 이 순례길을 통해 인생을 되돌아보고 더 나은 삶을 살 수 있도록 변화하는 기회를 가져 보고 싶은 희망을 가지고 있다. 실현 가능할지는 미지수이다.

2016년 1월 초부터 2개월간 일본에 방문연구자로 초청을 받아 체류할 기회가 생겼다. 그 당시 친한 동료인 홋카이도대학 츠토무 사토努 佐藤 교수의 초청으로 강연을 하게 되어 이를 핑계로 삿포로와 오타루를 방문하면서 홋카이도를 즐길 수 있었다. 일본에 체류하는 외국인들은 일본 항공사인 JAL이나 ANA에서 국내선 할인 항공권을 구입할 수 있다. 필자도 일본 내에서 어디를 가든 국내선을 약 1만 엔에 이용할 수 있어서 이를 잘 활용하여 많은 곳을 방문할 수 있었던 것이다. 일본의 물가를 고려하면 상당히 저렴한 가격으로 일본에 체류하는 외국인에게 일본의 좀 더 많은 곳을 보여주고픈 배려에서 만든 제도가 아닌가 생각했다(필자 생각!).

홋카이도는 지리·역사적인 특징으로 인하여 특별히 일본 중에서도 다소 개방적인 성향을 보여주는 지역이다. 외부에서 이주해 온 주민들도 많은 지역으로 이곳 거주민들은 삿포로가 일본에서 살기 좋은 몇 대 도시 안에 든다고 하였다. 필자는 그 이야기가 왠지 믿기지 않아 인터넷을 뒤져 보니 살기 좋은(?) 도시라기보다는 매력적인 도시에 포함이 되어 있는 것이었다. 이건 뭐 사람마다 취향이 다르기는 하겠지만. 2018년도 '매력도 랭킹 톱 10 도시' 중에서 홋카이도의 하코다테시, 삿포로시, 오타루시 등이 포함되었다고 한다. 이 도시들은 겨울에 눈이 많이 오고 주변에 활화산도 많으니 살기 좋은 도시는 아니고 아무래도 여행하기 좋은 도시가 아닐까? 물론 홋카이도에서부터 남쪽의 가고시마까지 일본 열도 전체에 활화산이 있으니 일본여행에서 화산을 피하지는 못할 것 같다.

삿포로에 위치한 홋카이도대학은 캠퍼스가 아름답다. 관광책자에도 캠퍼스가 예쁘고 한적하다고 소개되어 관광객들이 꼭 들르는 장소라고 한다. 전신이 농과대학이라서인지 대지도 넓고 조경이 잘되어 있다. 비슷한 이야기로 한때 중국인 관광객 사이에서 이화여자대학교가 꼭 방문 코스에 포함되어 있었는데 그 이유는 다르다.

| 홋카이도대학 캠퍼스

이화梨花(배꽃)는 중국어로는 정확히 li hua인데 중국인은 li fa와 발음이 유사하다며 선호한다고 들었다. 이는 이익이 늘어난다거나 부자가 된다는 의미로, 중국인들의 '發'(fa의 번자체) 글자에 대한 사랑은 상상을 초월한단다. 중국인이 좋아하는 숫자 8(발음 ba)도 발음이 비슷해서 좋아하는 거라고⋯⋯.

홋카이도대학의 개방성을 이해하는 데 개교 초기에 전신인 홋카이도 농학교에 부임하였던 윌리엄 스미스 클라크 교수 이야기를 빼놓을 수는 없다. 그는 미국의 매사주세츠 농업대학(현 매사주세츠대학교)의 총장을 지내고, 그 후 홋카이도의 개척을 위하여 홋카이도 농

학교에 초빙되어서 농학, 식물학뿐만 아니라 자연과학을 영어로 가르쳤으며, 선진 낙농업을 홋카이도에 정착시켰다고 한다. 일본 홋카이도의 개척을 담당한 선구자로 홋카이도의 개척 역사와 함께한 홋카이도대학의 정신적 지주 역할을 하고 있다. 특히 그가 홋카이도를 떠나면서 남긴 "Boys, be ambitious!(少年よ、大志を抱け!)"는 아직까지 회자되고 있다. 홋카이도대학 방문 및 강연을 마치고 저녁에는 일본인 친구의 초대로 삿포로에서 빼놓을 수 없는 삿포로 맥주박물관을 방문하였다. 그곳에서 맛본 삿포로 생맥주와 칭기즈칸 코스 요리는 잊을 수가 없다. 다음날 오전에는 며칠 뒤에 열리는 삿포로시의 겨울 축제 유키마츠리さっぽろ雪まつり에서 전시하기 위해 미리 설치한 눈 조각상들을 보기 위하여 시내로 나가봤다. 도착을 해서

| 삿포로시의 명물 삿포로 맥주 박물관

삿포로에서의 사시미 정식과 삿포로의 명물 에조코 특제라면. 가재, 새우 등의 해산물, 돼지고기, 옥수수, 버터 등이 들어간 특이한 라면

삿포로시의 겨울 축제 유키마츠리 전시를 위해 설치된 눈 조각들

오타루의 초밥집과 메뉴판. 한글로도 자세히 설명이 되어 있음

야 알게 된 사실이었는데 매년 2월 초에 열리는 삿포로 겨울 축제는 세계 3대 축제 중 하나라고 하였다. 국내외 약 200만 명 이상의 관광객이 방문하며, 삿포로 중심인 주오구, 그중에서도 대로변에 놓여진 오도리 공원의 전시 규모는 어마어마해서 크기를 얕보며 걷다간 지쳐버릴 정도였다.

마지막 방문지는 오타루. 로맨틱한 운하가 있는 분위기 좋은 항구 도시로, 메이지와 다이쇼시대(1868~1926년)에 일본의 북쪽 출입문 역할을 하면서 무역, 금융 및 비즈니스의 중심지로 누린 영화를 그대로 간직하고 있는 도시이다. 항구의 번영을 상징하는 오타루 운하를 따라 오래된 창고가 늘어서 있는 풍경은 홋카이도를 대표하는 관광 명소이다. 필자가 방문하였던 시간에도 중고등학생들이 수학여행을 와서 운하 근처에서 단체 사진을 찍는 것을 보면서 필자가 고등학교 시절에 경주로 갔던 수학여행이 생각났다. 어떤 이(주로 젊은이)는 유리 공예품, 오르골과 디저트가 가득한 '사카이마치堺町 거리'를 제일 먼저 떠올린다. 먹고 마시는 게 중요한 필자에게는 오타루의 또 다른 명물 초밥집 탐방이 중요한 항목이었다. 단언컨대 필자가 지금까지 맛보았던 초밥집의 스시 가운데 최고 중의 최고였으며(물론 전문가인 일본인 친구가 데려간 곳이니), '이래서 오타루의 스시가 유명하구나'라고 다시 한번 느끼게 되었다. 마지막으로는 오타루 시내에서 영화 속에 나왔던 거리를 둘러보며 필자의 오랜 꿈이 드디어 이루어지는 기쁨을 맛보았다.

| 오타루의 상징 운하와 창고들 앞에서 절친 츠토무 사토 교수와 함께

방콕의 스트리트 푸드 파이터

수완나품 공항에 도착하는 순간부터 편안함을 주면서 언제라도 또 가고 싶은 태국 방콕. 방콕의 원래 이름은 '끄룽텝'으로 시작하여서 '깜쁘라쌋'으로 끝나는 세계에서 가장 긴 도시 이름으로 기네스북에도 올랐다. 이러한 도시에 대한 나의 첫 방문은 2000년대 초 당시 같이 근무하던 태국 출신의 S 연구교수와 함께 우리 연구실에서 대학원 공부를 하고 싶다는 태국 지원자들을 면접하기 위해서였다. 당시 면접은 방콕의 스카이 트레인(방콕 BTS: Bangkok Mass Transit System – 요즘은 가끔 BTS 사진이 붙은 열차가 지나간다) 시암역 근처에 새로 생긴 시암 파라곤에서 보았다. 그 이후로 방콕은 방문할 기회가 많았다. 태국 정부가 국제기구 유치에 공을 들인 결과 UNESCO, UNEP를 포함한 국제기구가 많아서 회의도 많고, 태국 출신 제자들이 학위를 마치고 귀국하여 여러 대학 및 연구소에 근무하면서 찾을 기회가 많아졌다. 코로나가 잠잠해진 2022년 여름 이후에도 여전히 일년에 두세 번은 방문하게 되었다. 특히 태국정부의 초청으로 2022

년 6월 25일부터 약 3주간 방콕에 위치한 쭐라롱콘대학교에 머물면서 연구와 교육을 수행할 기회가 있었다. 이때를 기회로 평소에 궁금하던 태국 길거리 음식에 대하여 탐구하고자 매일 점심과 저녁을 이곳저곳을 기웃거리면서 완전 현지 음식으로 시도해 보았다. 백종원의 〈스트리트 푸드 파이터〉와 몇 해 전 방영된 나PD(필자는 이분이 제작한 여행기를 좋아한다.)의 〈지구오락실〉 태국 편도 큰 모티브를 주었음을 인정한다.

태국에 오면 관광객이 아니라 현지인처럼 즐기라는 조언을 많이 받는다. 태국은 모든 게 사랑스럽지만, 특히 태국 음식은 우리의 입맛에 너무나도 잘 맞아서 다양한 종류의 태국 음식을 맛볼 수 있다. 특히 거리 음식도 맛있는데 이런 거리 음식을 모아놓은 곳으로 최근에는 저드 페어 Jodd Fair 라는 야시장이 유명하여 자주 가 보았다. 시암역 부근의 대학에서 많은 일이 있기에 이 근처에 위치한 MBK(마분크롱Mah Boonkrong: 아마도 창업주의 이름이 아닐까?) 6층에 위치한 쭐대 맛집 푸드 코트(Food Legend-The Best Capital Street Food of Thailand라는 간판으로 되어 있음)에 가서 다양한 음식을 맛보았다. 이 음식 평을 위해 정보를 수집하느라 주위의 많은 친구를 괴롭혔는데 이 기회를 빌려 감사를 전한다.

태국 음식은 세계적으로도 유명하고 국내에서도 많은 태국 식당이 생겨 이제는 한국인들에게는 익숙한 음식이다. 똠얌꿍, 쏨땀(라오스 샐러드, 파파야 샐러드라고도 함), 팟타이, 푸팟퐁 커리, 그리고 최근

| 방콕 시내의 대표적인 야시장 저드 페어와 그곳에 전시된 다양한 곤충요리

에 〈지구오락실〉로 유명해진 마사만 커리까지. 태국에서 맛보았던 이 음식들이 필자에게는 좀 달지만 한국인들의 입맛에 맞는 음식이다. 필자는 이번 방문 동안 철저하게 태국사람처럼 살아보기 위하여 태국인들이 자주 가는 푸드 코트 MBK와 쫄라롱콘대학교의 구내식당Food HUB 에 가서 태국인들이 즐겨먹는 다양한 음식을 맛보았다.

독일계 국제기구에서 근무하는 필자의 제자가 말하는 본인의 최애 음식은 족발 덮밥인 까오 까무Kao Kamou: Stewed Pork Leg 라고 한다. 정확히 표현하자면 간장 물에 삶은 듯한 부드러운 족발을 흰 밥에 올리고, 간장 물이 든 삶은 계란 그리고 (모닝글로리로 추정되는) 초록 채소에, 족발을 삶은 듯한 간장국물을 한 숟갈 끼얹어 주는 요리이다. 푸드 코트 등에서 대부분의 현지인들이 먹는 것으로 보아 국민 음식이라 생각되는데 우거지와 같은 채소와 함께 푹 익혀서 주기도 하며 한국의 족발보다 더 부드럽다. 한국의 족발은 쫄깃한 맛을 살리는 반면 태국은 밥과 함께 먹기 좋게 푹 익혀서 나온다. 태국 맥주와의 조합이 매우 좋다.

방콕에서 체류하던 중 면을 좋아하는 필자에게 아주 재미있고 따끈따끈한 정보가 전달되었다. 〈지구오락실〉이라는 한국의 예능 프로에서 '보트 누들'이라는 음식이 소개된 것이다. 유튜브를 통해서 이 프로를 시청한 다음날 아침 필자는 보트 누들을 먹기 위해 아리역의 '통 스미스 아리Thong Smith Ari'라는 식당에 도착했다. '보트 누

풀라롱콘대학교 인근에 위치한 MBK 푸드 코트와 그곳에서 점심을 즐기는 대학생들. 교복을 입은 태국 대학생들의 모습이 이채롭다.

들(꾸어이띠우르아)'은 강한 향신료의 풍미를 자랑하는 것으로 유명한 태국식 국수 요리로 주로 롱테일 보트라 불리는 긴 보트 위에서 만들어 판매했던 국수라고 해서 이러한 이름이 붙었다고 한다. 돼지고기나 소고기를 베이스로 간장, 두부 절임, 기타 향신료로 국물 맛을 내고, 기호에 따라 미트볼이나 돼지 간, 선지를 넣기도 한다. 토핑은 다양하여 튀긴 마늘, 무, 계피, 콩나물, 파슬리, 공심채 등등 다양한 토핑을 골라 넣을 수 있다. 보트 누들이 세상에 등장하기 시작한 건 1940년대라고 하는데 방콕의 구석구석 이어지는 운하에서 롱테일 보트를 타고 이동하면서 국수를 판매하는 이들이 등장했고, 사람들은 이들이 만드는 음식을 두고 보트 누들이라고 부르기 시작했다고 한다. 강한 향신료로 한국인들에게는 호불호가 있는 음식이다. 지나가는 배에서 국수를 시켜 먹고, 먹은 후에 그릇을 돌려줘야 되기에 양을 적게 만들어주던 점이 유지되어 길거리 좌판에서는 지금도 약 한 젓가락 분량의 국수가 제공된다. 필자가 방문한 식당은 다소 차별화된 곳으로 본인의 취향대로 면을 선택하고 토핑도 다양한 조합으로 선택하여 먹을 수 있는 곳이었다.

필자가 태국 음식을 좋아하긴 해도 오래 체류하다 보면 달달한 음식이 질려 달지 않은 음식을 찾게 된다. 이때 필자가 주로 찾던 것은 매콤한 칠리 페이스트 소스로 요리된 음식이다. 이때 맛본 매콤한 요리가 까오 클룽 프릭 남쁠라Kao Kloong Nam-Prik Pla Gu-Lao: Rice with spicy tread fish chilli paste이다. 많은 태국 요리에 포함되며 자

| 보트 누들 전문점 통 스미스 아리의 내·외부 모습

| 통 스미스 아리의 메뉴판, 복잡한 주문표와 필자가 맛본 보트 누들

| 태국의 국민음식 까오 까무와 이를 즐기는 현지인들

주 사용되는 재료는 꼬리꼬리하고 맑은 생선 소스인 프릭 남쁠라(혹은 남쁠라 프릭이라고도 함)로 이는 태국 요리의 주재료이며 생선을 발효시켜 풍미와 짠맛을 더한 조미료이다. 동남아에는 많은 종류의 생선 소스가 있으며 만드는 방법도 다양하다. 이 소스는 필자가 말레이시아에 머물 때 즐겼던 삼발과 비슷한 태국산 칠리 페이스트이다. 지역별로 만드는 사람에 따라 액체 같은 것도 있고 페이스트 같은 것도 있다고 한다. 그중 남프릭 파오는 일반 재료인 구운 고추와 타마린드에 설탕을 추가한 것으로 종종 똠얌의 재료로 사용되거나 고기나 해산물을 튀길 때 사용되기도 한다고 한다. 또한 매콤한 '잼'으로 활용되어 빵에 바르거나 새우 크래커에 찍어 먹는 것으로 인기가 있다고 하니 다음 여행에서는 이 소스를 꼭 사와서 평범한 태국사람처럼 빵에 발라먹거나 밥과 오이 몇 조각과 함께 먹고 싶다. 방콕을 그리워하며⋯⋯.

영국의 파크

영국에 대한 많은 좋은 추억 중에서 특별히 그리운 것으로는 방문할 때마다 나에게 안식을 주었던 파크Park 에 대한 기억이다. 공원하면 떠오르는 것과 파크하면 떠오르는 이미지가 다른 것은 나만의 선입견일까? 영국에는 참 아름다운 파크가 많다. 대도시인 런던의 어느 지역을 방문하여도 주변에 파크를 쉽게 발견할 수 있다. 홀랜드 파크Holland Park, 레전트 파크Reagent Park, 윔블던 파크Wimbledon Park, 리치몬드 파크Richmond Park 등등. 리치몬드 파크는 너무 넓어서 차가 없으면 못 다닐 정도였다.

뭐니 뭐니 해도 필자가 제일 자주 갔던 곳은 바로 하이드 파크Hyde Park. 필자가 수학했던 대학의 사우스 켄싱턴 캠퍼스에서 길 하나만 건너면 알버트 동상(유학시절 내내 보수 중이었음)이 나오고 그 뒤가 바로 하이드 파크이다. 하이드 파크는 런던의 중심부에 있는 가장 큰 공원 중의 하나이며, 런던 왕립 공원 중의 하나이다. 서펜틴 호수Serpentine Lake 를 중심으로 서쪽은 과거 왕실의 사냥터로 쓰였던 켄싱턴 가든^{Kensington Gardens}이 있고, 동쪽은 하이드 파크로, 반대편 끝에는 마블 아치^{Marble Arch}가 있다. 뼛속까지 사무치는 습한 추위에 으슬으슬하던 겨울이 지나고 봄이 오면 필자는 샌드위치를 사서 하이드 파크 내의 서펜틴 호숫가 벤치에 앉아 오리를 친구 삼아 점심을 먹곤 했다. 조깅을 하거나 산책하는 사람들이 지나가는 것만 보아도 전혀 지루하지 않았다. 아마도 호수가 휘어서 serpentine('구불구불한'이라는 뜻으로 뱀처럼?)인 것 같기는 하다. 그러나 필자에게는 이 단어가 사문석^{蛇紋石}이라고 불리는 판상형 규산염 광물이 떠오르는 이름이었다. 이 광물의 이름이 '뱀과 비슷한'을 뜻하는 라틴어에서 유래되었다고 하니 뱀 무늬 구조를 가진 광물이라는 뜻일 것이다. 어찌 되었든 뱀처럼 길며 굽은 이 호수에서는 여름에 일부 구역에서 오리를 친구 삼아 수영을 하거나 이 주변을 산책하는 사람들이 많다. 최근 방문하였을 때에도 호수 주변 카페를 포함하여 영국의 여느 곳과 마찬가지로 변함없이 그 모습을 유지

하이드 파크 내에 있는 서펜틴 호수와 이를 가로지르는 다리. 이 다리를 넘어가면 노팅힐 지역으로 갈 수 있다.

| 하이드 파크 한쪽에 있는 스피커스 코너

하고 있어 반가움을 주었다. 이 하이드 파크는 1975년 9월 밴드 퀸 Queen 의 하이드 파크 공연을 비롯하여 엘튼 존, 롤링 스톤즈 등 대중 음악가와 루치아노 파바로티 같은 클래식 성악가들의 공연이 열리는 곳이기도 하다. 뿐만 아니라 전통적인 시위 장소로 유명한데, 2002년 자유, 생명 행진의 참가자들은 행진을 하이드 파크에서 시작했다고 한다. 이러한 전통을 이어받아 정치적인 이야기를 포함하여 무슨 이야기든 자기 마음대로 할 수 있는 '연설자의 코너 Speakers' Corner'도 이 하이드 파크 안에 있었다.

필자가 두 번째로 자주 가던 런던의 파크는 버킹엄 궁전에서 바라보면 퀸 빅토리아 메모리얼 분수를 중심으로 오른편에 위치하고 있는 세인트 제임스 파크 St. James' Park 이다. 런던에서 가장 오랜 역사를 지닌 왕립 공원으로 처음에는 왕가 전용이었으나, 17세기 일반인에게도 오픈되면서 공원이 되었다고 한다. 영국식으로 꾸며진 이 세인트 제임스 파크는 정말 자연미가 있는 곳으로 공원이 많은 런던에서도 가장 경치가 좋은 공원으로 손꼽히며 동시에 조류 보호구역으로 지정되어 있어서 새가 아주 많다. 필자가 1990년대 초부터 많은 주변 분을 모시고 런던을 안내하면서 개발했던 도보 관광코스(일명 Woong's Path)의 마지막 부분에 이 공원이 포함되어 있다. 세인트 제임스 파크에서 가장 아름다운 곳은 파크 내의 호수를 가로지르는 다리 위에서의 풍경이다. 그 다리 위에서 바라보는 버킹엄 궁전의 모습은 주변 경관과 어우러지면서 런던 최고의 풍경이라고 할 수 있을 것이다. 필자는 그곳으로 안내한 지인들에게 여기서는 꼭 사진을 한 장 찍으셔야 한다고 추천하곤 한다. 최근에 방문해 보니 세인트 제임스 파크 내에 다이애나 비를 추모하는 포인트가 생겼다. 버킹엄 궁전에서 출발하여 공원을 들어와 템스강 쪽으로 쭉 내려오게 되면 공원 모퉁이에 아름다운 찻집도 있고 빅 벤 시계탑이 멋지게 보이는 사진 포인트가 있다. 여기를 지나 걸어가다 보면 웨스터민스터 다리가 나온다. 필자가 개발한 투어에서는 이 다리 근처의 템스강 위에 띄운 배 위의 펍에서 투어를 마치곤 한다.

| 세인트 제임스 파크 내의 다리 위에서 바라본 경치와 템스강 위를 비추는 런던 아이 야경

각종 새들을 볼 수 있는 세인트 제임스 파크와 다이애나
비를 추모하는 Memorial Walk

해 질 무렵 이 펍에서 기네스 맥주를 마시면서 바라보는 런던 아이
London Eye 는 정말로 멋지다.

잉글랜드 북서쪽에 위치한 레이크 디스트릭트 Lake District 는 아름
다운 경치로 유명하다. 윈드미어 Windmere 호숫가에 위치한 보란스
Borrans 파크는 산책을 즐길 수 있는 소박한 파크이지만 이전에는
로마시대의 거주 지역이었으며, 바로 옆에는 2세기경 로마 정복군

| 레이크 디스트릭트 윈드미어 호숫가에 위치한 보란스 파크와 바로 옆의 로마시대 요새 유적

병사 200명이 머물던 주둔지를 포함한 요새 유적을 간직하고 있다. 이곳을 포함하여 영국은 내셔널트러스트 National Trust 라는 단체를 통하여 로마와 같은 정복군의 유적마저도 잘 보존하고 있었다. 기원후 2세기라면 한반도의 삼한시대에 해당하는데 그 당시의 유적을 간직하고 있다는 사실이 놀라울 뿐이다.

마지막으로 소개할 파크는 홀리루드 파크 Holyrood Park 이다. 홀리루드 파크는 에든버러성 동쪽 약 1마일쯤 떨어진 스코틀랜드 에든버러 중심부에 있는 왕립 공원이다. 주로 평지에 있던 잉글랜드 지역의 파크와는 다르게 고원 지형을 살린 이곳은 언덕과 현무암 절벽 등이 아름다우며, 12세기에는 왕실의 사냥터였다고 한다. 시내 한복판에 융기된 언덕과 절벽이 이 주변을 따라 파크로 조성되어 있다. 필자가 느낀 특이한 점은 공원에 자연스러움이 그대로 남아 있다는 것이다. 경사를 따라 자연스러운 산책로 정도만 남아 있을 뿐 보도블록이나 시멘트 길 등 그 어떤 인공적인 시설도 없다. 그래서 더더욱 아름다웠으며 에든버러의 지역 주민들은 하루 종일 홀리루드 파크를 중심으로 조깅도 하고 산책도 하는 것 같다. 파크 한편에는 홀리루드 궁전이 있다.

이곳은 영국 왕실의 공식적인 궁전 중 한 곳이며, 정식 명칭은 홀리루드하우스 궁전Palace of Holyroodhouse이다. 원래는 1128년 데이비드 1세에 의해 세워진 수도원이었으나 16세기부터 스코틀랜드 왕과 여왕의 궁전으로 사용되었고, 지금도 영국 왕실이 공식적으로 머무는 궁전이라고 한다. 엘리자베스 2세는 7월의 홀리루드 주간이라 불리는 일주일간 이곳에 머무르며 집무했었다고도 한다. 이 궁전은 멘델스존의 교향곡 제3번 '스코틀랜드'에 영감을 준 건축물로, 1악장 서주부의 전체적인 악상은 홀리루드 궁전의 정경에서 떠올린

| 에든버러 시내에 위치한 홀리루드 파크

| 홀리루드 파크 위에서 바라본 홀리루드 궁전

것으로도 알려져 있다. 유명한 건축물이 교향곡에 영감을 주기도 했다는 사실이 새삼 놀랍고 부럽기도 하였다.

　서울시내 한복판에도 세종로공원이 있다. 그러나 규모도 작고 자연친화적인 느낌이 부족하다. 다행히 서울의 초도심인 4대문 안 경복궁 옆 송현동의 옛 대한항공 부지에 서울광장 3배 크기의 열린송현녹지광장이 들어섰다. 우리 땅임에도 일제강점기에는 조선식산은행의 사택으로, 해방 이후에는 미군 숙소, 미대사관 직원 숙소로 사용되는 역사의 굴곡을 경험한 땅이다. 다만 2022년 역사공원으로 문을 열겠다는 당초의 계획이 코로나 사태 등으로 미루어지다가 현재는 녹지공원으로 조성되어 있으나 이 부지에 기념관 건물을 세운다는 등의 여러 의견이 있다. 필자는 후세에게 물려주기에 부끄럼이 없는 자연친화적인 명품공원으로 재탄생되기를 바란다.

영국의 스포츠: 크리켓과 스누커

2002년 한일 월드컵의 감동이 어느덧 20년도 지난 추억이 되었고, 2022년 카타르 월드컵의 감동도 가물가물하다. 다시 일어나려던 2024년 아시안컵의 흥분이 안타까움으로 바뀐 지금에도 축구의 열기는 여전해 박지성에 이어 프리미어리그 득점왕 손흥민에 열광하는 대한민국 국민은 여전히 밤을 새워 가며 잉글랜드 프리미어 리그를 본다. 그런데 또 다른 잉글랜드 프리미어 리거였던 국가대표 선수 기성용이 2009~2010년 시즌 영국에 진출하였을 때 스코틀랜드의 셀틱에서 활약하였다. 우리가 프리미어 리그 소속이라고 알던 팀들이 아닌데…… 여긴 뭘까? 월드컵에서 보면 단골손님인 잉글랜드 이외에도 웨일즈, 스코틀랜드도 종종 보이던데 이건 나라가 아닐텐데? 그런데 또 왜 우리에게 동메달의 기쁨이 있었던 2012년 하계 런던 올림픽 한국과의 축구 경기에서는 영국 대표팀에 웨일즈 출신의 라이언 긱스가 뛰는 거지? 많은 한국 사람이 혼란에 빠질 만하다.

우선 우리가 영국이라고 부르는 나라의 정식 명칭을 알아야 한다. 영국의 정식 명칭은 잉글랜드 England 가 아니라(명심하자!!!) United Kingdom of Great Britain and Northern Ireland이다. 줄여서 U. K.라고 한다. 영국의 브리튼섬 안에는 잉글랜드, 스코틀랜드와 웨일즈가 있고, 옆의 아일랜드섬의 북쪽을 북아일랜드라 부르며 이곳은 영국에 속해 있다. 그 아일랜드섬의 남쪽은 영국이 아니라 아일랜드 공화국이라는 독립된 나라이다. 필자가 런던에서 공부하던 시절인 1990년대 초반에는 종종 시내에서 폭탄 테러가 일어났었다. 이는 아일랜드의 북쪽이 영국에 편입되는 사정과 관계가 있으며 이에 저항하는 세력인 아일랜드 공화국군 IRA: Irish Republican Army 이 테러를 감행한 것이다. 영국의 국기인 유니온 잭도 잉글랜드, 스코틀랜드와 아일랜드를 상징하는 기들을 합쳐 만들어진 것이다. 올림픽과 같은 국제 스포츠 대회에는 주로 영국 U. K.으로 출전한다. 다만 축구 월드컵대회 만큼은 4개의 나라 아닌 나라가 각각 출전한다. 영국의 축구협회는 없고 예외적으로 각각 4개의 독자적인 축구협회를 두고 있다. 축구를 본인들이 만들었기 때문에 가지는 특혜가 아닐까 생각해 본다.

이렇듯이 영국에는 그들이 처음으로 만든 스포츠가 많다. 여기서 처음 만들었다는 깃은 기록싱의 최초가 아닌 근대 스포츠를 의미한다. 축구, 테니스, 크리켓, 럭비, 골프, 배드민턴, 탁구, 다트, 컬링,

영국 국기의 변천

잉글랜드
(성 게오르기우스의 십자가)
+
스코틀랜드
(성 안드레아의 십자가)

초대 유니언잭(1603년 제정)

↓

아일랜드(성 파트리치오의 십자가)

↓

현행 유니언잭(1801년 제정)

| 영국의 지도
| 파랑색으로 보이는 부분이 영국임

영국의 국기 설명. 영국의 국기는 영국을 구성하는 잉글랜드, 스코틀랜드, 북아일랜드를 상징하는 국기의 조합임

조정 등이며, 스누커를 포함한 당구도 분명치는 않지만 영국 기원설이 있다. 이 중 한국에서는 알려지지 않은 종목들을 소개하고자 한다.

먼저 영국에서 가장 사랑받는 국기인 '크리켓Cricket'이라는 종목이다. 예전에는 한국에서 자주 사용하던 빨래 방망이를 본 적이 있는가? 생각해 보니 요즘은 아무도 사용하지 않아 신세대들은 본 적이 없을 것이다. 11명으로 구성된 양 팀이 공수로 나뉘어 이 빨래 방망이 비슷한 것을 가지고 야구공과 비슷한 공을 때리고 뛰는 경기이다. 수비인 팀이 공을 던지고 공격인 팀의 타자가 받아친 후 갑자기 약 20m 간격인 막대기 사이를 마구 뛰어 다닌다. 이 지루한 상황이 하루도 아니고 며칠간 계속된다. 크리켓을 알지 못하면 정말로 지루하고 어이가 없는 경기이다. 필자가 유학하던 시절 분석을 담당하던 Alban이라는 서인도 출신 연구원이 필자에게 하루는 "야구는 정말 지겨워 Baseball is so boring! 크리켓이야말로 참 스포츠지"라고 말하는 것이다. 그래서 인정하는 척하면서 껌같이 달라붙어 크리켓의 규정을 알려 달라고 했다. 그걸 알게 되었더니 어느 정도 재미도 있고 복잡한 크리켓 스코어 표기법도 이해를 하게 되었다.

간단히 설명하면 두 팀이 겨루는데 서로 공격과 수비를 교대하고 수비 측이 던진 공을 쳐서 멀리 보내 점수를 얻는 것이고, 공을 친 후에 두 막대기 사이를 왕복하는 수로 점수를 계산하는 것이다. 야구의 홈런처럼 하늘로 펜스까지 날아가면 6점, 굴러서라도 펜스까지 날아가면 4점, 이렇게 쌓인 점수를 누적해 계산하여 많이 얻는 팀이 승리하는 것이다. 11명의 공격수가 다 아웃되면 공수 교체가 된다. 공을 못 치거나 헛쳐서 타자 뒤에 있는 위켓 Wicket 의 스텀프 Stumps 막대기 사이에 가로로 놓여 있는 베일 Bails 이 떨어지면 그 타자는 아웃이다. 혹은 양쪽 막대기 사이를 뛰어 다니다가 중간에 공을 맞으면 역시 아웃이나. 영국의 공원에 가보면 아버지와 아들이 함께 한 명은 공을 던지고 다른 한 명은 크리켓 막대기를 들고

| 크리켓 선수와 장비

치는 연습을 하는 장면을 자주 본다. 야구와는 다른 장갑처럼 생긴 글러브를 사용한다. 나름 던지는 공에 직구도 있고 커브 같이 휘는 볼도 있다고 한다. 무엇보다도 선수들과 심판의 복장이 클래식하게 멋지다.

또 다른 경기는 '스누커Snooker'이다. 한국에서는 흰색 공 2개와 빨간색 공 2개를 가지고 하는 4구 경기와 쓰리 쿠션이라는 3구 경기 그리고 포켓볼 등이 유행하던 시기였다. 필자가 영국에 도착한 직후 첫 룸메이트였던 아프가니스탄 친구(이름이 Ferrad 였던가?)가 기숙사 에 있던 스누커 테이블의 모든 포켓을 신문지로 막고 (아니면 게임마다 동전을 계속 넣어야만 쳐서 없어진 공을 다시 꺼낼 수 있기에. 가난한 유학생이 공짜로 치고 싶은 욕심에) 밤새 필자에게 스누커를 가르쳐 주던 기억이 생생하다.

　스누커는 다른 당구 경기에 비해 당구대도 크고 볼의 종류도 다양하다. 기본적으로는 흰색 공으로 다양한 색깔의 공을 맞추어 포켓에 넣으면 점수를 얻으며, 점수를 획득하지 못하면 상대방에게 기회가 넘어간다. 결론적으로 더 높은 점수를 올리는 사람이 이기는 경기이다. 공의 종류가 많은 만큼이나 규칙이 조금 복잡하다. 공은 검은색, 분홍색, 파란색, 갈색, 녹색, 노란색 등에 따라 점수가 다르고 빨간색 공이 다 없어질 때까지 다양한 색의 공은 포켓에 넣은 공을 꺼내어 원래 자리로 다시 올려놓는다. 필자도 유학 시절 텔레비전으로 세계 스누커 챔피언십 중계를 열심히 봤던 기억이 난다. 대부분 영국 선수 혹은 영연방 출신 선수들이지만 가끔 태국 출신 동양인 선수가 나타나면 동병상련의 마음으로 열심히 응원을 했다. 물론 늘 우승은 영국 선수들이 차지했지만……. 1990년대 유명했던 선수들은 1991년도 우승자인 잉글랜드 출신의 존 패럿, 1990년 21세에 최연소 챔피언이 된 후 존 패럿을 다시 꺾고 1992년부터 5연패를 한 스코틀랜드 출신의 스티븐 핸드리 등이다.

　이 스누커의 재미있는 점은 우리가 신사라고 여기는 영국 사람들의 경기 운영전략이다. 보통 한국에서 당구 게임은 매너의 게임이라고 해서 서로 상대방에게 철저히 예의를 지키고 의도치 않게 운이 좋아 점수를 얻게 되면 공손히 인사를 하곤 한다. 그런데 이 스누커 게임은 자신이 점수를 올리지 못할 상황이라면 다음 순서인 상대방이 점수를 올리지 못하도록 길을 막아 방해를 하는 전략이다. 이런 전략을 스누커라고 하며 이를 잘하면 청중에서 박수가 터져 나온다. 아마 우리나라에서는 야유가 나오고 성질 급한 사람은 상대방 선수의 멱살을 잡을지도 모른다. 그런데 사전을 찾아보면 스누커의 뜻이 포켓 당구의 일종(흰색 공 하나로 21개의 볼을 포켓에 떨어뜨리는 당구)이라고도 되어 있지만 단어 뜻에 "방해하다, 사기치다"라는 의미도 있는 점을 감안해야 한다.

이렇게 영국이나 영연방에서만 인기 있는 스포츠의 공통점은 굉장히 지루하다는 것이다(필자의 개인적인 느낌). 아주 단순하고 판에 박힌 행동을 계속하는 경기이다. 솔직히 농구나 축구처럼 역동적인 경기는 절대 아니다. 영국 사람들은 양반 기질이 있어서일까? 전통에 대한 자부심일까? 별로 재미도 없어 보이고 하는 나라들도 없는 경기를 월드컵이라고 하며 스스로 즐긴다. 좋은 방향이든 좋지 않은 방향이든 이런 것이 지금의 영국의 위상을 만든 것이 아닐까? 판단은 독자의 몫.

03

기원전 인류가 전해준 선물:
신성한 음료와 신의 물방울

영국 펍 순례기

영국에 대하여 이야기를 하면서 빼놓을 수 없는 것이 바로 '펍 Pub'이다. 필자는 런던에 도착한 1989년도에 처음으로 펍을 가보았으니 올해로 35년차 펍 순례자가 된다. 예전에 영국에 있을 때 처음 경험한 펍은 수학하던 런던 사우스 켄싱턴 지역 대학 내에 있었던 허름한 학생용 펍이다. 당시 우리는 기숙사에서 가장 가까운 위치에 있는 학교의 사우스 사이드 홀 지하에 있는 펍을 사우스 사이드라 부르며 점심을 먹거나 금요일 저녁이면 종종 그곳에서 미지근하고 찜찔한 맛의 '비터 Bitter'라는 영국식 페일 에일 맥주를 마셨다. 당시에 맛으로만 평가하자면 라거 Lager인 호주 맥주 포스터스나 벨기에 맥주 스텔라가 훨씬 우리 취향에 맞았으나 영국에 왔으면 영국식 맥주를 마셔야 한다는 신념에 따라 비터를 마시곤 했다. 물론 영국인이라면 누구나 먹어야 하는 'Salt & Vinegar' 맛의 과자 Crisp와 함께……. 영국의 맥주는 시원한 탄산감이 없이 밍밍하고 찜찔해서 나이 든 아저씨들에게서나 있기가 있었는데, 이러한 맥주를 좋아하는 젊은이들은 늙은이라고 놀림을 받기도 했었다. 가끔은 호기를 부리면서 맥주 값이 조금 비싼 시니어 대상의 홀란드 클럽도 가곤 했는데, 홀란드 클럽은 1922~1929년에 총장(영국에서는 Rector)을 역임한 Sir Thomas H. Holland의 이름을 따서 지어졌다고 추측한다. 물론 그곳의 맥주가 훨씬 맛있었다.

ⒸFosters   ⒸStella Artois   ⒸWalkers

| 유학 당시 즐겨 마시던 생맥주와 강력한 신맛의 술안주용 과자

그 이후에도 영국을 방문할 기회가 있으면 여러 펍을 들렀으나 지금 기억에 남아 있는 유일한 펍은 노팅햄의 영국지질조사소^{BGS}를 방문했을 때 들러 본 'Ye Olde Trip to Jerusalem'이라는 곳이다. 1189년부터 영업을 했다고 하는데 그걸 증명할 만한 문서는 없다고 한다. 세월은 쉴 새 없이 흘러 수십 년이 지나 코로나로 외국 여행이 어렵던 시기를 벗어나자 2021년 11월에 영국 출장기회가 주어졌다. 드디어 벼르고 벼르던 펍 순례여행을 다시 개시할 수 있는 기회가 온 것이다. 출장으로 바쁜 일정이었지만 매일 일과를 마치고

저녁에는 꼭 펍을 가기로 작정하고 가기 전부터 내가 묵을 숙소 근처에 있는 펍을 찾아 놓았다. 그리고 영국 출장을 다녀온 지금 제일 먼저 적는 글이 펍 순례기이다.

펍 Ye Olde Trip to Jerusalem의 건물은 노팅햄성이 위치한 Castle Rock에 붙어서 지어져 있으며, 부드러운 사암 동굴 내부에 위치한다. 소문에 따르면 이 동굴들은 중세부터 맥주 양조장으로 사용되었다고 한다(Image by Immanuel Giel, CC BY-SA 4.0).

11시간의 긴 비행을 마치고 히드로 공항에 도착하여 간단히 공항을 빠져나온 이후 (출발 전 한국에서의 과정은 코로나로 매우 복잡하였지만 도착해서는 여권을 스캐닝만 하고 간단히 빠져나옴. 격세지감!) 서둘러 숙소가 있는 해머스미스 지역으로 향했다. 수요일 저녁이었지만 우리가 가려고 했던 펍은 너무나 유명하고 작은 곳이었기에 자리를 잡기가 어려울 것 같아 마음이 급했다. 첫 방문지는 펍 "Dove"(https://www.dovehammersmith.co.uk/). 여기에 펍의 링크를 소개한다. 정말로 세상이 너무나도 많이 달라졌다. 필자가 박사과정을 시작하던 시기에는 인터넷이라는 것도 없었는데, 이제는 이런 정보를 이렇게 간단히 공

| 해머스미스 지역에 위치한 템스강가의 펍 'Dove'

| 마침내 펍 Dove(Fuller's Brewery)의 대표 라거 Frontier 원 파인트

유하게 되다니. 필자만 소중히 간직하고 싶은 곳으로 정보공유가
왠지 좀 억울한 생각이 든다.

도브는 런던 시내에서는 보기 드물게 템스강가에 위치하고 있었
다. 영국에서 발간된 비어 가이드에는 템스강이 내려다보이는 유
서 깊은 펍으로 독특한 스타일로 서빙하는 전통음식 Classic food with
twist 의 맛이 뛰어나다고 적혀 있다. 게다가 세계에서 제일 작은 바
의 공간을 가진 기록으로 기네스북에도 올랐단다. 또 영국의 클래
식 연주회에서 널리 불리는 "Rule, Britannia"의 가사인 제임스 톰슨
James Thomson 의 애국시가 1740년에 이곳에서 지어졌다고도 한다.
수요일 저녁 우리 일행이 도착하였을 때는 실내 테이블은 예약이
이미 차 있었다(역시 예상대로!). 다행히 밖으로 나가 테라스에 앉아 템
스강의 찬바람을 맞으며 영국에서의 펍 순례 첫 단추를 제대로 끼
울 수 있었다.

두 번째 순례지는 에든버러 중심인 로얄 마일에 위치한 펍
'Albanach'. 스코틀랜드의 수도인 에든버러에 위치해서인지 신선한
스코틀랜드 생맥주도 많지만 위스키가 300여 종이나 있다고 한다.
다양한 현지 위스키를 맛볼 수 있는 위스키 시음용 'whisky flights'
라는 재미있는 메뉴도 있었다. 인터넷상에서도 워낙 유명해서인지
오후 3~4시에 가도 자리가 없을 정도이고, 현지인들의 식사 모임
도 있고 단체 관광객들도 여럿이 모여 늘 자리가 없었다.

어떤 사람들은 조금 과장되게 영국의 펍은 '제2의 국회의사당' 혹

로얄 마일에 위치한 펍 'Albanach', 1719년부터 영업을 했다고 함
(https://www.belhavenpubs.co.uk/pubs/midlothian/albanach/)

은 '영국의 심장'이라고도 말한다. 영국의 펍에서는 정말로 다양한 주제의 대화들이 오고 간다. 필자가 아는 대부분의 영국 사람들은 매주 지정한 요일의 정확한 시간에 가서 자신이 정한 주종을 딱 정한 양만큼만 마시고 온다고 한다. 수십 년 동안 변함없이 펍에서 만나는 사람들도 늘 일정하고 그들과 세상 돌아가는 별의별 이야기를 다 한다고 한다. 또한, 펍은 다양한 여론을 얻을 수 있는 중요한 장소로 민심의 향배를 정확히 듣고 파악하는 것이 가능한 곳이라고도 한다. 그러기에 축구 이야기도 중요하지만 정치 이야기도 물론 빠질 수 없을 것이다. '펍'의 정식 명칭은 '퍼블릭 하우스'였다. 영국인에게 '펍'은 원래 난어 그대로 '공공상소'의 기능을 담당해왔던 것이다. 우리나라로 치자면 예전의 주막처럼 소주잔이나 막걸리 잔을

기울이던 선술집이다. 3년 남짓 남은 2027년 차기 대통령 선거를 앞두고 미래의 여야 후보들이 대화를 무시하고 첨예하게 대립하는 2024년 현재의 대한민국. 정말로 우리나라 사람들은 정치에 너무 열정적으로 관심을 갖고 자신의 의견을 남에게 강요하는 경향이 있다. 과음하지 않고 맥주 한두 잔을 기울이면서 남의 이야기도 귀 기울여 들을 줄 아는 것이 교양 있는 민주시민의 첫걸음이 아닐까? 부디 앞으로는 우리나라의 선술집에서 정치 이야기를 하다가 주먹다짐이 일어나지 않기를 바란다.

'Albanach' 펍은 300여 종의 위스키를 소장하고 있다. 스코틀랜드인들의 위스키에 대한 자부심이 보이는 시음 메뉴 whisky flights. 그래도 네잎 클로버로 거품을 장식한 아이리시 맥주 기네스 원 파인트를 놓칠 수는 없었다.

나의 인생 맥주, 파올라너 헤페

최근에 집 주변에 '고래맥주창고'라는 주류 판매점이 생겨 그동안 그리워했던 다양한 외국의 병맥주를 다시 마실 수 있는 기회가 생겼다. 이전의 여러 글에서 필자는 맥주와 와인을 사랑한다고 하였는데 그중에서도 최고의 맥주는 독일 뮌헨의 브루어리를 방문하여서 맛본 파올라너 헤페Paulaner Hefe Weiss 생맥주이다. 일과를 마치고 저녁 식사 전 제대로 된 잔에 따라 마시는 신선한 생맥주는 하루의 피로를 잊게 해준다.

맥주는 누가 뭐래도 독일이다. 왜 독일 맥주가 맛있을까? 그 이유는 1516년 공포된 맥주 순수령Reinheitsgebot; German Purity Law 때문일 것이다. 맥주 만들 때 다른 원료를 넣지 말고 "순수하게 만들라"는 것으로, 따라서 독일 맥주는 보리(또는 밀) 100%라고 말할 수 있다. 정확히 말하자면 주성분인 맥아(보리를 비롯한 곡물의 싹을 틔운 것. 넓게 보면 곡물 전반에 해당될 수 있지만 이름에 보리 맥(麥)자가 들어가는 만큼 보통은 보리(대맥)나 소맥(밀)을 칭함)에 홉, 효모, 물 이렇게 4개의 성분이 포함되지만. 독일에서는 500년 넘게 원재료만 가지고 맥주를 만들고 있었기에 근세기에 들어서 현대인의 입맛에 맞도록 다른 첨가물을 넣는 주변국가들도 있지만 자부심으로 똘똘 뭉친 독일 맥주 회사(양조장)는 여전히 맥주 순수령을 고집하고 있다. 그래서 혹자들은 이것이 독일 맥주를 마셔도 숙취가 없는 이유라고도 한다. 이러한 맥주 순수령이 시작된 곳이 바이에른 지방이고, 특히 바이에른의 중심지인 뮌헨과 그 주변의 맥주야말로 지구상에서 가장 순수한 맥주라 할 수 있을 것이다. 특별히 뮌헨에서는 시의 공인을 받은 유서 깊은 맥주들이 있는데 그것을 제조하는 브루어리 brewery (독일어로는 bräuhaus)를 방문하는 기회를 갖게 되어 그 짧고도 강렬했던 기억을 여기에 적어 보고자 한다.

여러 정보에 의하면 뮌헨에는 시 당국의 공인을 받은 6대 브루어리가 있다고 한다. 호프브로이 Hofbräu, 파올라너 Paulaner, 아우구스티너 Augustiner, 뢰벤브로이 Löwenbräu와 슈파텐 Spaten, 하커-프쇼르 Hacker-Pschorr. 이곳들을 모두 다 방문할 야심찬 계획을 가지고 2016년 4월의 따뜻한 봄날에 뮌헨에 도착하여 여정을 풀었다. 호프브로이는 워낙 유명하여서 예전에 가보았기에 이번에는 건너뛰기로. 그때 받았던 인상은 너무 크고 상업적이었으며(브루어리 안에서 밴드 공연이 있을 정도) 사람도 많아서 정신이 없었다. 특히 필자는 라거보다는 독일 남부 지방의 밀 맥주를 좋아해서 그곳의 맥주 맛에 대한 감흥도 없었다. 그저 그 많은 손님을 응대하면서 어떻게 주문을

| 뮌헨에 도착하자마자 달려간 뢰벤브로이 하우스

| 뢰벤브로이 하우스 옆에 있던 슈파텐과 프란치스카너 공장

받고 제대로 가져다주며 정확히 계산하는지 그 노하우를 궁금해 했던 기억 정도만 남아 있다. 따라서 첫 번째는 필자가 한때 제일 좋아했던 프란치스카너를 맛볼 수 있는 뢰벤브로이와 슈파텐을 방문하는 것이었다. 두 곳을 같이 갈 수밖에 없게 된 경위는 이 두 곳이 인수합병으로 하나의 회사가 되었기 때문이다. 또 슈파텐은 합병 이전에 프란치스카너를 이미 합병하였기에 이곳에서는 프란치스카너도 맛볼 수 있었던 것이다. 이 맥주회사가 뮌헨 시내에 넓은 비어 가르텐을 가지고 있으니 이른 저녁을 겸해서 맛있는 독일 전통음식을 맛볼 수 있었다. 맥주 안주로 필자가 제일 좋아하는 시큼한 브루스트 살라트 Wurst salad 를 당연히 주문하였다.

다음날 아침에는 아침을 일찍 먹고 호텔을 나서자마자 걸어서 뮌헨 시내에 있는 마리엔 광장을 향해 출발하였다. 제한된 시간에 다

| 인생 맥주를 만나다. 파올라너 브로이하우스

양한 맥주를 마시고 싶었던 필자는 오전부터 비어가르텐을 기웃거렸는데, 역시 독일은 맥주의 도시답게 아침 10시경에 문을 열자마자 야외 테이블에서 맥주를 마시는 현지인 및 관광객들이 넘쳐 났다. 그래서 필자도 잠시 가던 발걸음을 멈추고 자연스럽게 슈나이더 바이스를 한잔. 점심시간이 지나고 이제 다시 본격적으로 브루어리를 향하여 출발하였다. 그날 오후의 첫 번째 방문지는 필자가 제일 좋아하는 파올라너 브루어리. 파올라너는 바오로 수도회라는 뜻으로 수도사들이 만든 맥주라고 알려져 있다. 프란치스카너도 잔을 보면 수도승이 그려져 있다. 독일 분데스리가의 바이에른 뮌헨의 공식 후원사로 이 팀이 우승을 하면 샴페인 대신 맥주를 터트리는 것을 본 적이 있을 것이다. 필자는 그곳에서 파올라너의 정수 헤페 바이젠 Hefe weβien: Weissbier(바이첸이라고도 하며 밀 맥주를 말함)과 브레첼, 하얀 소세지 등을 곁들이면서 '인생 맥주란 바로 이런 것이구나!'라고 느꼈다. 기회가 되면 꼭 다시 한번 가 보리라.

시간은 한정이 되어 있는데 가야 할 곳은 많고……. 그래서 필자는 마지막으로 뮌헨의 맥주 중 가장 역사가 깊다는 아우구스티너를 맛보기 위해 비어가르텐을 가보기로 했다. 1328년부터 맥주를 제조했으니 무려 800년 역사를 자랑하는 곳이다. 뮌헨 시민들이 선호하는 맥주라고도 알려져 있는데, 그래서인지 시내에도 가장 많은 비어홀이 있었고 심지어는 편의점에서도 병맥주를 판매하고 있었다. 그곳은 점심시간부터 많은 현지인들이 식사와 맥주를 즐기고 있었

아우구스티너 켈러
라는 간판의 비어
가르텐

다. 그날 필자는 다시 비행기를 타고 인천으로 와야 했기에 오래 있지는 못하고 잠시 목을 축이며 마지막으로 독일식 점심을 먹었다. 아무리 바빠도 마지막 남은 브루어리를 그냥 지나칠 수는 없었다. 오는 길에 택시를 타고 달려서 잠시 하커-프쇼르를 들러 쇼핑 겸 병맥주를 사는 것으로 즐거운 여정을 마무리하여야 했다.

　많은 사람이 독일인의 국민성에 대하여 이야기한다. 원칙주의자이며 무척 무뚝뚝하고 융통성이 없다고들 한다. 그래서인지 세계 최고의 기술을 가진 강소 기업들이 많고 그 제품 또한 단단하고 고장이 잘 나지 않는다. 그 덕분인지 필자도 1990년대 초반 독일에서 가져온 그 무거운 밀레^{Miele} 세탁기를 십 년 이상 사용하면서 이사할 때마다 옮기고 설치하느라 애를 많이 먹었다(이러한 세탁기를 포함하여 독일에서는 가전제품이 고장이 적어 대를 물려 사용한다고 한다. 그런데 필자는 그렇게 오래 사용하면 새로운 물건을 팔지 못하는데 어떻게 이익을 내는가라는 생각도 든다). 이러한 우직함과 장인 정신이 순수한 맥주를 만들었고 여전히 변함없이 유지되는 것 같다. 그러나 이제는 세계 여러 나라를 다녀보면 세탁기, 냉장고, 에어컨 등의 가전제품은 모두 한국산으로 바뀌어 있음을 알 수 있다. 한국인들이 자랑스럽게도 모두 다 따라잡은 것이다. 그러나 필자가 좋아하는 맥주만은 한국이 독일 맥주를 따라 가기는 아직 멀었다고 생각한다. 아직도 독일의 여름날 저녁에 시원한 야외 비어가르텐에서 마음이 따뜻한 독일 친구들과 맥주를 마시면서 수다를 떨던 기억이 생생하다.

마지막으로 들러 본 이름도 어려운 하커-프쇼르 중
하나인 프쇼르. 처음에는 한 회사였는데 오늘날에는
회사가 분할되어 하커와 프쇼르가 별도 법인이지만
여전히 같은 맥주를 생산한다고 한다.

나파 밸리와 소노마 밸리

필자의 와인에 대한 짝사랑은 20여 년 전으로 거슬러 올라간다. 우연히 알게 된 천안시 외곽 유량동에 위치한 이탈리안 레스토랑 '디 알토di alto'를 방문하면서 시작되었다. 당시 주인이자 주방장인 L선생님은 이탈리아에서 정통으로 요리 유학을 한 셰프이다. 요리 학교를 졸업한 후 이탈리아 어느 소도시의 레스토랑에서 수년간의 수련을 추가로 쌓은 실력자였다. 이탈리아에서의 수련 배경이 재미 있는데 그 레스토랑 주인의 아내에게 반해서 짝사랑을 하느라 청춘을 바쳤다고 한다. 정신을 차린 후 귀국하여 고향에 내려와 부모님의 땅에 제대로 된 이탈리안 식당을 개업하였다. 천안의 한적한 곳에 위치하고 있어서 초기에는 알아주는 이가 없어 파리를 날리던 중 필자가 방문하게 되었고 이후 숨은 보석을 발견한 심정으로 지인들을 모시고 자주 방문하였다. 그러다가 이 셰프와 친해져서 가게 문을 닫은 후 같이 와인을 마시면서 친해지다가 이제는 본격적인 술친구가 되어 같이 족발을 먹으러 갈 때도 레드 와인을 가져가서 마실 정도의 사이가 되었다. 이때 와인에 대한 많은 지도를 받았는데, 그는 필자에게 늘 와인을 시음한 후 하나의 문장으로 표현하라는 강요를 하였던 것이 기억에 남는다. 예를 들면 "장미를 머금은 향수가 봄바람에 휘날려 혀끝을 적시는 느낌" 식으로 표현하기를 강요당하곤 하였다. 이때를 계기로 필자는 와인에 대해 관심을 가

| 천안에 위치한 정통 이탈리안 레스토랑 '디 알토'

지게 되었다. 이후에 그 레스토랑은 젊은이들에게 유명해져서 매우 인기가 좋은 천안의 명소가 되었고 최근에는 방문을 하지 못하여 필자도 매우 궁금해 하는 곳이다. 지금은 영업을 하지 않는 것 같아 안타까울 따름이다.

때마침 2005년에 〈사이드웨이Sideways〉라는 영화가 개봉되었다.

©Fox Searchlight Pictures

©이십세기폭스필름코퍼레이션

©20th Century–Fox

와인 마니아들에게 인기가 있었던 영화 〈사이드웨이〉. 일본에서는 리메이크되기도 하였고 서울 강남에는 같은 이름의 와인바가 있을 정도이다.

필자는 정말로 우연히 이 영화를 보게 되었는데 (아마도 출장 중 비행기에서 본 것 같다.) 나중에 알고 보니 이 작품은 개봉되던 해 많은 상을 휩쓸 정도로 인기가 높았었다. 영화는 중년의 두 남자가 옆길 side way 로 빠지면서 겪는 여러 이야기를 와인과 곁들여 삶의 페이소스를 진하게 전해준다. 특별히 필자는 영화 내용처럼 '나도 언젠가는 저렇게 마음에 맞는 친구와 와이너리만을 방문하기 위해 캘리포니아를 누비리라.'라고 다짐을 했었다. 마침내 그 꿈이 이루어져 2019년 12월 코로나가 터지기 직전에 캘리포니아 와인의 자존심인 나파 밸리와 소노마 밸리를 방문하게 되었다.

나파 밸리는 캘리포니아주 북부 해안의 산맥 사이에 자리 잡은 세계적으로 유명한 와인 재배 지역이다. 면적이 무려 18,000ha에 달하는 나파의 와인 생산 역사는 초기 정착민이었던 조지 캘버트 욘트가 이 계곡에 처음으로 포도를 심었던 1836년으로 거슬러 올라간다고 한다. 이러한 나파 밸리에서 필자가 방문하여 머물게 된 곳은 'The Meritage Resort and Spa'였다. 그 리조트는 뒤편에 커다란 포도밭을 가지고 있었고 구역을 나누어 다양한 품종의 포도를 재배하고 있었다. 이 포도원에는 완만한 구릉, 야생화로 뒤덮인 들판, 맛있는 레스토랑, 스파 등이 있으며, 결혼식 등 야외 행사에도 적합한 장소 같았다. 낮 동안에는 햇볕이 풍부하고 밤에는 서늘하여 와인 생산에도 좋아 보였기에 필자는 오후에 서서히 산책을 하며 포도밭을 둘러보는 호사를 누렸다. 1박 2일의 짧은 일정이었기에 나

The Meritage Resort and Spa의 모습(https://www.meritagecollection.com/meritage-resort)
하단 우측 사진은 나파 밸리에서 유명한 와인 셀러 Trinitas Cellars(https://trinitascellars.com/)

소노마 밸리에 위치한 켄달-잭슨 와인 클럽(https://www.kj.com/visit)
하단 우측 마지막 사진은 2012년산 스택스 립 와인 셀러-카베르네 소비뇽 (Stag's Leap Wine Cellars-Cabernet Sauvignon)

파에서 가능한 한 많은 종류의 와인을 시음하려는 욕심에 그곳에서의 시간을 알차게 보내야만 했다.

점심에는 La Strada Cucina Italiana라는 유명 식당에서 Merlot 품종의 Charles Krug(병당 39 USD였으나 필자의 취향을 저격!)을 즐겼고, 저녁 시간에는 지역에서 유명한 와인 셀러인 Trinitas Cellars(https://

나파 밸리의 인기 식당
'La Strada Cucina Italiana'
(https://lastradanapa.com/)

trinitascellars.com/)를 방문하여 다양한 종류의 와인을 시음하였다. 나파에서의 즐거움을 뒤로하고 우리는 다시 소노마 밸리로 향했다. 소노마 밸리에서 제일 유명한 곳은 켄달–잭슨 포도밭과 양조장이었고 필자는 그 안에 위치한 와인 클럽도 방문하였다. 시간이 없어 충분히 다 돌아보지 못하는 안타까움을 대표 메뉴인 'Signature Tasting'과 'Estate Tasting'을 활용하여 여러 가지 와인을 맛보는 즐거움으로 대신하였다.

짧지만 강렬했던 캘리포니아 와이너리 투어의 여운은 쉽게 지워지지 않았다. 캘리포니아의 와인에 목말라 하던 필자에게 뜻밖의 행운이 다가왔다. 나파 밸리의 전설적인 와인을 시음할 수 있는 기회가 온 것이다. '스택스 립 와인 셀러Stag's Leap Wine Cellars! 파리의 심판에 등장한 주인공! 와인의 세계를 변화시킨 역사적인 블라인드 테이스팅!' 요즘은 캘리포니아에서도 세계 최고 수준의 와인이 생산된다는 것을 인정하지만 1970년대 중반 이전까지 당시의 와인 애호가들은 나파 밸리를 포함한 소위 신대륙에서 생산된 와인을 2등급으로 무시하였다. 그러나 운명의 1976년 6월 7일. 영국과 미국의 와인 판매상들이 주최한 와인 블라인드 테이스팅 결과가 짤막하게 네 문단으로 실렸고, 이 기사는 미국 와인 역사에서 가장 중요한 한 장면이 되었다. 프랑스만이 최고급 와인을 생산할 수 있다는 관념을 깨고 레드 와인과 화이트 와인 부문에서 모두 캘리포니아 와인이 프랑스 와인을 이겼다. 프랑스 심사위원들은 프랑스 와인을 구별해

내지 못했고, 나파 밸리에서 생산된 두 종류의 빈티지 와인인 1973 년산 샤토 몬텔레나 샤르도네Chateau Montelena Chardonnay 와 1973 년산 스택스 립 와인 셀러-카베르네 소비뇽Stag's Leap Wine Cellars-Cabernet Sauvignon 에 최고점을 준 것이다.

이 사건은 캘리포니아 와인의 품질과 잠재력에 대한 와인 업계 전체의 인식을 변화시키게 되었다. 일종의 혁명을 촉발시킨 계기가 된 스택스 립 와인 셀러 중 2012년산을 마시게 된 것이다. 참고로 이 와인에 대한 전문가들의 평은 다음과 같다. "입안 가득 풍부하고 진한 과실과 코코아의 풍미가 느껴지며, 탄탄한 구조감과 부드러운 탄닌감, 적절히 어우러진 산미의 조화가 뛰어나며 기분 좋은 마무리가 길게 이어지는 와인." 이제 와인 초보 딱지를 갓 떼어낸 필자의 느낌은? "지금까지 경험한 와인 중에서 최고의 균형감을 가지고 있는 다양한 아로마를 포함한 와인"이라고 솔직히 말하고 싶다. 이를 시음하게 해 준 와인 선생이자 동료인 K 교수님에게 감사의 인사를 전한다.

카디스의 셰리 창고, 오스보르네

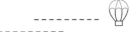

영국을 포함한 유럽에서 경험했던 다양한 문화 중에서 부러웠던 것은 만찬 중 음식과 조화를 이루는 다양한 주류를 가지고 있다는 점이었다. 맥주와 와인을 좋아하는 필자는 원래부터 술의 종류에 관심이 많았다. 포트 Port, 셰리 Sherry, 그라파 Grappa, 슈납스 Schnapps, 코냑 Cognac, 브랜디 Brandy, 칼바도스 Calvados, 압생트 Absinthe 등……. 그간 다양한 종류의 술을 경험하며 언젠가는 이 부분에 대한 호기심에 대한 정리 혹은 공부가 필요하다는 생각까지 하게 되었다.

사실 식사라는 것은 한 끼 허기를 때운다고 생각할 수도 있지만 음식을 통해 즐거움을 얻고 사교의 장이 되어 많은 사람을 사귀는 기회이기도 하다. 또는 정치적·경제적 주요 의사결정이 행해지는 협상의 장이기도 하다. 맛있는 음식을 즐거운 대화와 함께 좋은 사람과 기분 좋게 먹었다면 누구나 흡족한 마음을 갖게 될 것이다. 이럴 때 빠지지 않고 중요한 역할을 하는 것이 곁들여지는 술이다. 한 가지 주종으로 처음과 끝을 맺는 우리와는 달리 서양의 테이블에서는 그 코스에 따라 주종도 다양하다.

　서양의 술 종류는 크게 식전주(아페리티프: Aperitif), 식중주(와인), 식후주(디제스티프: Digestif)라 하여 메인 코스에 따른 서빙 시점에 따라 구분한다. 대표적인 식전주로는 포도주를 기초로 하여 여러 가지 약초와 향료를 넣은 베르무트 Vermouth 와 스페인산 화이트와인 종

| 식전주 셰리와 다양한 식후주

'에메랄드의 유혹' '마법의 술' '녹색의 마귀' 등으로 불리는 압생트는 알코올 도수가 40도에서 70도에까지 이른다. 비운의 천재 고흐, 시인 랭보 이외에도 헤밍웨이, 피카소, 모파상, 보들레르, 드가, 르느와르 등 수많은 예술인이 즐겼던 술이라고 한다. 그 이유는 가난한 예술인들이 마실 만큼 가격이 저렴했기 때문이며 환각과 환청, 착시 현상을 일으키는 독주로 알려져 있다.

류인 셰리, 프랑스에서 즐겨 마시는 키르^{Kir}와 같은 칵테일 등이 있다. 메인 식사를 하며 마시기에 가장 좋은 술은 단연 와인이다. 식전주가 식욕을 촉진시키는 술이라면 식후주는 이미 섭취한 음식의 소화를 돕기 위한 술이다. 식후주는 대개 알코올 도수가 높은 것을 선택하는데 남성들은 주로 브랜디를, 여자들은 리큐어를 즐긴다. 개인적으로 필자는 베일리스^{Baileys}를 온더락^{on the rocks} 형태로 마시기를 좋아한다.

이렇게 다양한 술 종류에 관심이 많은 필자에게 스페인 안달루시아의 카디스에서 몇 주간 체류할 기회가 생겼다. 이 기회를 이용하여 셰리를 만들고 보관하는 보데가^{Bodega}(창고 혹은 저장고)를 방문하는 기쁨을 맛보았다. 스페인의 남부, 인구 15만 명의 작은 항구 도시 카디스는 안달루시아 지방의 주도 세비야에서 기차로 2시간 남짓 거리에 위치하고 있다. 이베리아 반도 끝에서 작은 반도처럼 돌출해 있는 이 도시는 유럽에서 가장 오래된 도시 가운데 하나로 3,100년 전 페니키아인들에 의해 건설된 후 로마 서고트족과 이슬람의 지배를 받았었다. 카디스의 경제는 기본적으로 조선소 및 항구 주변 상업 활동이 주를 이루고 있다. 이외의 카디스의 다른 산업 분야로는 카디스의 해변과 카디스 축제, 역사 유적을 활용한 관광 산업이 있다. 최근 젊은이들에게 카디스는 〈캐리비안의 해적: 낯선 조류〉를 촬영한 곳으로노 유명하다. 이와 달리 필자에게 카디스는 셰리의 원산지로 떠오른다. 셰리(영어: Sherry, 스페인어: Jerez)는 스페인

| 카디스 성당과 카디스 항구의 전경

| 보데가 오스보르네의 내 · 외부 모습

안달루시아 헤레스 데 라 프론테라^{Jerez de la Frontera} 근처의 지역에서 자란 백포도로 만든 강화 포도주이다. 스페인어로는 비노 데 헤레스^{vino de Jerez} 라고 하며, '셰리'는 '헤레스'의 영어식 이름이다. 원산지 명칭 보호에 따라 '셰리'라는 이름이 붙은 모든 라벨은 법률적으로 카디스주의 '셰리 트라이앵글'에서 생산된 것만 붙일 수 있다고 한다. 브랜디 중 프랑스 보르도 지방 바로 옆에 있는 코냑에서 생산된 것만 코냑이라고 부르는 것과 같은 이유일 것이다. 대부분의 셰리는 건조한 상태로 만들어지기 때문에 이후에 향이 나는 술을 넣으며, 셰리의 발효가 완료되면 브랜디를 섞어 강화한다. 모든 셰리는 팔로미노 포도로 만들며, 건조함의 정도에 따라 피노^{Fino} 와 같은 가벼운 것과 올로로소^{Oloroso} 와 같은 짙고 무거운 것 등으로 나뉜다고 한다. 스페인의 셰리 창고는 '보데가^{Bodega}'라고 하여, 주로 지상에 건설하는데, 이유는 신선한 공기가 필요하기 때문이라고 한다. 건조한 기후로 인해서 저장 중인 와인의 증발량이 많다고 한다. 일 년에 약 3%의 셰리가 없어진다고 하는데 이것은 전체적으로 하루에 셰리 7,000병이 공중으로 사라지는 셈이다. 그래서 이곳 사람들은 산소와 셰리로 숨을 쉰다고 하며, 이렇게 증발하여 없어지는 와인을 '천사의 몫^{Angel's share}'이라고 부른다.

이러한 사전 정보를 바탕으로 검색을 통해 카디스 최고의 셰리를 맛볼 수 있는 'Osborne(오스보르네)'라는 저장고를 발견하였다. 안달루시아의 어느 더운 여름날, 필자는 시원한 셰리 저장고 오스보르

(좌) 셰리를 숙성시키는 솔레라(Solera) 시스템. 셰리가 들어 있는 통을 매년 차례대로 쌓아두면서, 위치 차이에 의해서 맨 밑에서 와인을 따라 내면 위에 있는 통에서 차례대로 흘러 들어가도록 만들어 놓은 반자동적인 블렌딩 방법이다.

(우) '플로르(Flor, 꽃)'가 형성된 셰리 와인. 셰리는 '팔로미노(Palomino)'란 포도로 화이트 와인을 만들어, 알코올을 가해서 알코올 농도를 15.5% 정도로 맞춘다. 이후 나무통에 80% 정도만 채우고 뚜껑을 열어서 공기와 접촉을 시켜서 만드는데, 이때 생기는 와인 표면의 백회색 '효모 막(Yeast film)'을 '플로르'라고 한다.

투어를 안내해준 가이드와 시음을 위해 준비된 다양한 숙성도의 셰리. 플로르를 번식시켜 만든 가장 기본적인 타입의 피노(Fino)는 색깔이 옅고 알코올 농도도 그렇게 높지 않다. 이 피노를 좀 더 오래 숙성시키고 알코올 농도도 더 높여 16~20%로 조절한 것을 '아몬티야도(Amontillado)'라고 하는데 산화가 더 진행되어 색깔이 진하고, 진한 호두 향을 갖게 된다.

네를 방문하게 되었다. 가이드를 따라 셰리의 제조 과정, 숙성, 다양한 종류, 어울리는 요리 등 반나절 동안 너무나도 많은 이야기를 들어 여기에 다 나열할 수는 없겠다. 다행히 필자가 찍어 온 사진을 중심으로 기억을 되살려 조금이나마 설명을 보태고자 한다. 셰리를 주로 생산하는 안달루시아 지방은 해안가로, 아프리카와 경계를 이루는 지브롤터 해협이 있는 곳이다. 이 지역은 기온이 높은데다 일 년에 거의 300일 동안 햇빛을 받을 수 있는 곳이라서 와인의 알코올 함량이 높고 산도가 너무 낮다. 이렇게 부족한 부분을 해결하기 위하여 알코올을 첨가하고 기묘하게 산화시켜 세계적인 명주를 탄생시켰다고 한다. 한 가지 확실한 것은 타고난 약점을 강점으로 전환하여 새로운 스타일의 와인을 만들어 세계적으로 유명한 와인을 탄생시킨 것이다. 다른 사람들이 느끼는 것처럼 필자에게도 셰리에서 호두 향이 느껴졌다. 어떤 이는 셰리의 맛이 한물간 듯한 화이트 와인의 향처럼 느껴진다고 하며, 청국장 맛을 낸다고도 한다. 외국인이 우리 청국장 맛을 아는 데 시간이 걸리듯, 우리가 셰리의 맛을 찾고 즐길 정도가 된다면, 와인과 서양음식의 맛 그리고 스페인 남부, 안달루시아 지방 그들의 정서까지 이해할 수 있을 것이다.

마지막으로 술에 대한 필자의 생각! 함께 어울리면서 술을 즐기는 사람 중 나쁜 사람은 없다. 그들에게는 융통성이 있다. 그러나 함께 어울리지 않고 술도 즐기지 않는 사람 중에 좋은 사람만 있는 것이 아니다. 한번 꼭 확인해 보시길.

04

『글로벌 호기심 리포트』를
마무리하면서

부제 : 필자의 인생에 영향을 주신 고마운 분들

인생의 변환기에 필자의 두 번째 책 『글로벌 호기심 리포트』를 마무리하면서 필자의 인생에 선한 영향을 주신 고마운 분들을 생각해 본다. 이분들께서 필자의 인생에 주신 큰 지도에 감사드리며 시간 순으로 추억을 회상하고자 한다. 필자 또한 많은 후학에게 선한 영향력을 미칠 수 있었기를 바라면서……. 아울러 필자의 글 요청에 흔쾌히 응해 주신 것도 감사드린다. 이번 장에서는 너무 개인적인 이야기가 포함되어 있지만 이번 원고를 준비하면서 글쓰기가 더욱 어렵게 느껴져 당분간은 개인적인 에세이는 쓰기 어려울 것 같다는 생각에 있는 그대로 담아 보았다. 독자들의 넓은 마음의 이해를 구한다.

평생의 은사이신 전효택 교수님

먼저 지금의 필자를 있게 하는 데 가장 큰 영향을 주신 분으로, 대학원 시절 석사과정 지도교수님이셨던 서울대학교 전효택 교수님께 감사의 말씀을 꼭 드리고 싶다. 처음 뵈었던 1986년 당시 전 교수님께서는 임용 후 해외 포닥Post doctor을 다녀오신 젊은 피의 조교수이셨고 대단한 열정을 가지고 제자들을 지도해 주시는 분이셨다. 물론 그 당시 철없는 우리들은 이를 잘 몰랐고 선배들로부터 전해들은 교수님은 빈틈없고 깐깐하시다는 평판이 주류였는데 아마도 부족한 제자들에게는 잔소리를 많이 하신다는 느낌을 받았던 것도 같다. 이제 와서 돌이켜 보면 현재의 필자가 학생들에게 느끼는 것과 비슷한 것을 우리에게 느끼셨으리라. 모든 일에 영혼을 불어넣지 않고 매사를 꼼꼼하게 처리하지 못하고 그저 설렁설렁 대처하는 우리를 보시면서 사회생활에서는 이런 게 통하지 않는다는 메시지를 전달하시고 싶으셨던 것이 아니었을까?

사실 필자는 대학교에 입학할 당시만 해도 장차 무엇이 될 것인

가에 대한 뚜렷한 소신을 가지고 있지 않았다. 필자가 대학에 지원했던 1982년 겨울만 해도 학력고사 점수를 미리 받아서 대학을 지원하는 시스템이었다. 학력고사에서 평소에 자신 있어 하던 수학을 조금 망치기는 했지만 배치표(당시에는 미리 받아놓은 학력고사 점수를 바탕으로 재수생 전문학원에서 발행하는 입학 가능 대학 및 학과들을 정리한 배치표와 비교하면서 고3 담임교사와 상담 후 진로를 결정)상으로는 서울대학교 의대와 물리학과를 제외하고는 모든 대학에 지원이 가능한 점수였다. 고3 시절, 지금보다는 덜하지만 남들이 모두 가고 싶어 하는 의대에 그냥 가야 하나 하는 고민을 잠시 하기도 했지만 사실 의대는 필자의 적성에 맞지 않았다. 다행히 부모님도 권하지 않으셨다. 필자가 무엇을 하고 싶어 하는지 본인조차도 잘 몰랐지만 적어도 매일 같은 일을 반복적으로 하는 직업을 평생 가진다는 것은 도저히 받아들이기 힘들었다. 아마 필자의 호기심 때문이었으리라. 무엇일지는 몰라도 장차 하루하루가 다른 창의적인 일을 하고 싶었다. 그래서인지 고3 담임선생님과 상담 후 (지원하면 100% 합격을 보장한다는 말씀을 믿고) 서울대학교 공과대학 자원공학과에 제1번으로 지원하여 접수를 마치고 바로 친구들과 국내 여행을 떠났다.

자원공학과가 무얼 하는 곳인지는 잘 몰랐지만 뭔가 자원 및 첨단 소재와 관련 있는 학과라고 판단하였다. 세월은 돌고 돌아 지금에서 보면 2차 전지에 들어가는 리튬이랄까 첨난 장치 및 소재에 빌요한 유용한 금속들을 탐사, 개발하는 것이 주 업무였던 것이다. 이후에는 자원개발로 야기된 여러 환경문제를 조사하고 해결하는 분야로도 확대되었는데 지금 필자가 전공하는 분야가 이것이다. 대학교 재학 중은 민주화의 열기가 가득하였던 시절이었음에도 불구하고 필자는 그간 누리지 못한 자유를 만끽하며 보냈다. 고등학교 선배들의 영향으로 석사를 위한 대학원은 일단 가기로 마음을 먹은 상태이기에 그래도 학점관리는 하면서. 그리고 대학원 진학을 결정한 이후에는 친척 형의 친한 친구인 백 선배님(지금은 강원대학교 교수님)의 이끌림에 못 이기는 척 넘어가 전효택 교수님이 계신 응용지구화학연구실로 지원을 하기로 마음먹었다.

당시 전효택 교수님은 영국 및 일본에서 박사후 연구과정을 마치고 새로 부임하신 인기 높은 교수님으로 당시 학부 졸업 최우수 학생들만 갈 수 있던 연구실이었고 친한 백 선배를 포함하여 선배 몇 명은 연구실에서 석사를 마친 후 국비 유학 시험에 합격하여 미국으로 박사과정을 준비하는 중이었다. 당시 부족한 필자를 학생으로 받아주신 교수님에게 이 기회에 다시 한번 감사를 드린다. 이렇게 전 교수님과의 만남을 설명하기 전에 필자의 이야기를 장황하게 늘어놓는 것은 필자가 전 교수님과의 인연을 시작하기 전까지는 본인의 미래에 대한 꿈과 비전이 없었다는 것을 설명하기 위함이다. 그럼에도 필자는 결국 훌륭하신 지도교수님을 만나 가르침을 받은 덕에 분에 넘치게도 1988년 여름 석사과정 2학년 재학시절 국비장학생 시험에 합격하게 되어 (덕분에 88 서울 올림픽 탁구 경기가 교내 체육관에서 열려 유남규 선수가 남자 개인단식 우승으로 온 학교와 나라가 떠들썩했음에도 이 것도 모른 채 정신없던 시절을 보냈다.) 1989년 8월 영국 런던에 도착하여 꿈 에 그리던 유학 생활을 시작하게 되었다.

이후 학위를 마치고 현재에 이르기까지 지도교수님의 세세한 지 도와 편달이 있었음을 기억한다. 1990년 여름 박사과정 논문을 위 한 현지답사 및 시료 조사를 위해 귀국하였을 때 도와주신 일을 포 함하여 필자가 대학에 자리를 잡고 현재에 이르기까지 지도교수님 의 지속적인 관심이 있음을 알기에 이 기회에 진심으로 감사를 드 린다. 본인을 포함하여 모든 실험실 선후배들의 졸업 후 진로에까 지 본인의 자녀라 생각하시고 신경 써주시는 교수님을 존경한다. 필자도 교수님께 배운 것의 반의반이라도 따라가고자 노력하지만 많이 부족함을 느낀다.

·········

김 교수와의 첫 만남은 학사과정부터였다. 내 연구실에서의 매일 아침 만남을 시작으로 가까워진 시기는 1987년 석사과정부터이다. 벌써 36년 전이다. 나는 1982년부터 1년간 영국 런던 임페리얼 칼 리지 응용지구화학연구그룹에서 박사후 연구 경험이 있어 김 교수 의 유학을 이곳으로 추천했다. 니의 박사과정 시절에는 응용지구화 학 분야는 곧 지구화학탐사 분야를 의미했다. 1980년대에 들어서며 응용지구화학 분야는 환경지구화학이라는 새로운 분야가 발전하는 시기였고 환경문제가 크게 대두되던 시기였다. 내가 임페리얼 칼리지에 체류하던 시절인 1983년 4월 "1980년대의 응용지구화학"이라는 심포지엄이 개최되어 세계적인 응용지구화학자들의 논문 발표가 있었는데 탐사 분야뿐만 아니라 환경지구화학 분야가 새로이 발전하고 있었다. 또한 연구그룹 책임자인 I. Thornton 교수가 이 분야를 발전시키며 세계 최고의 연구그룹을 형성하고 있었다. 나는 이때부터 환경지구화학의 새로운 발전과 매력에 빠져들었다. 귀국해서도 학과 4학년 교과목에 환경지구화학(3학점)을 국내에서 처음 개설하고 교육과 연구를 시작했다. 특히 국내 휴폐광산 부근 지역의 중금속 오염에 대한 분야를 중점적으로 연구했다. 따라서 1980년대 중반부터 내 연구실에 들어온 석사·박사 과정 학생들은 이 분야에 큰 관심을 가지며 학위 논문 주제로 택하곤 했다.

김 교수는 국비유학생으로 상기한 Thornton 교수 연구실에 박사 과정 유학을 하며 환경지구화학 전공으로 박사학위를 취득한 첫 한국인이다. 국내에 돌아와 이 분야를 계속 발전시킨 1세대 연구자이다. 그는 뛰어난 연구 능력과 아이디어로 환경지구화학 분야를 국제적 수준으로 발전시키며 국제학회 초청 강연과 공동연구로 활동 영역을 국제적으로 넓혀 왔다. 내가 알기로는 SCI 학술지 발표 논문 건수도 세계적 수준이며, 연구실의 석사·박사 과정 학생들의 국적도 다양하다. 특히 동남아시아 지역에서의 환경문제 공동 학술

활동과 인재 배출은 대표적인 업적으로 알고 있다. 이러한 연구 실적은 2018년 대한자원환경지질학회의 최고상인 김옥준상 수상자로 선정되기도 했다. 김 교수는 대한자원환경지질학회 및 SEGH 아시아−태평양지역 회장을 역임하였으며, 다수의 국제적인 저명저널의 부편집장/편집위원이기도 하다.

나는 김 교수의 이러한 국제 연구 활동과 실적으로 우리 전공 분야의 대표적인 연구자이자 교육자로 평가하고 있으며, 내 연구실 출신으로 이렇게 뛰어난 제자가 있음을 매우 자랑스러워하고 있다.

서울대학교 에너지자원공학과 명예교수 **전효택**

닮고 싶은 따뜻한 마음의 김명식 교수님

존경하는 여러 선배님이 있지만 필자가 처음 만남부터 지금에 이르기까지 짝사랑하는 선배님은 김명식 교수님이다. 워낙 저명하신 분이기에 필자가 이런 분과 가까운 사이라는 것을 자랑하고 싶은 마음에 김 교수님의 이력을 간단히 적어 보고자 한다. 1984년 서강대학교 물리학과를 졸업하고, 1988년 영국 임페리얼 칼리지 런던대학교의 물리학과에서 양자광학을 전공하여 박사를 받았다. 대한민국 양자 정보 및 양자컴퓨터 분야 1세대 학자로 평가받는다. 1990년부터 2000년까지 서강대학교 물리학과 교수로 근무, 2000년 이후로 영국 북아일랜드의 퀸즈대학교 물리학과 교수로 근무, 2010년부터는 영국 임페리얼 칼리지 런던대학교 물리학과로 자리를 옮겨서 Quantum Information Theory Group의 리더로서 양자광학 및 양자 정보 분야에서 여러 연구자들과 협업을 통해 세계적인 수준의 연구를 주도하고 있다. 또한, 한국을 포함한 세계 각국의 여러 연구기관에서 근무하는 양자 정보 관련 연구자들을 다수 배출하였으며,

더불어 대한민국의 고등과학원 계산과학부 석좌교수이기도 하다. 2009년 왕립 아이리시 아카데미 회원으로 선출되었고, 2015년 영국 왕립 아카데미 울프슨 연구상을 수상하였다. 2016년에는 한국에서 호암상을 수상하였고, 2022년에는 독일에서 최고의 권위를 인정받는 훔볼트상을 수상하였다.

무엇보다도 김명식 선배님의 장점은 이러한 업적을 가진 세계적인 과학자임에도 언제나 유머러스하고 따뜻한 마음을 가진 분이라는 것이다. 필자는 영국에 갈 기회가 있을 때마다 꼭 선배님을 찾아가 맛있는 점심을 얻어먹고 함께 즐거운 수다를 떨곤 한다. 한국에 오시면 한번 대접하고자 하는데 이런저런 이유로 제대로 대접해 드리지는 못하고 (김 교수님을 찾는 분이 많아 바쁘시기도 하지만) 소식만 전하게 되어 늘 죄송한 마음을 가지고 있다.

지금도 생생한 김 교수님과의 첫 만남은 1990년대 초반 필자가 다니던 교회에 김 교수님 내외가 잠시 방문하시면서부터였다. 런던의 같은 대학교에서 학위를 받았지만 필자가 도착하였던 1989년에는 이미 학위를 마치고 다른 곳으로 옮기신 후였기에 선배님의 이름 정도만 듣고 있던 사이였다. 교회에서는 다시 방문한 김명식 교수님 내외를 소개하였고 부부의 친근한 인상에 이끌리어 필자는 예배를 마치자마자 저돌적으로 다가가 구애를 하였다. 친절하게도 선배님께서는 필자의 여러 질문에 답변해 주시면서 이런저런 이야기를 해주셨고 자연스럽게 점심 식사 자리로 이어졌다. 취향이 비슷하게도 우리는 런던 소호 지역에 있는 'Happy Garden'이라는 중국 집으로 이동하게 되었다. 아마도 그때 시켜주셨던 여러 음식 중 매콤한 shredded beef가 너무 맛있어서 지금까지도 필자가 자주 먹는 음식이 되었다.

이후 필자도 학위를 마치고 귀국하여 바쁘게 지냈고, 선배님도 북아일랜드를 거쳐 모교인 임페리얼 칼리지 런던대학교에 정착하시느라 10년 정도는 연락이 끊겼던 것 같다. 누가 먼저였는지 기억이 확실하지는 않지만 서로의 연구실 홈페이지 이메일 주소를 통하여 다시 교류가 재개되었고, 현재에까지 연락이 자주 이어지고 있다. 선배님과의 연락은 늘 유쾌하고 기다려지는 시간이다. 필자가 영국을 방문할 때마다 꼭 선배님을 뵈러 가는데 (영국을 가고 싶은 매우 중요한 이유 중 하나이다. 늘 여러 가지로 신세를 많이 지고 있어서 이 자리를 빌려 다시 한번 감사의 말씀을 드리고 싶다.) 가장 최근 만남은 필자가 2021년 11월 글래스고의 COP26 회의에 참석하는 길에 런던에 들러 선배님 연구실을 방문하여 함께 점심을 나누었던 기억이다. 추억의 프린세스 가든 건물 안에 있는 faculty lounge에서 와인을 곁들여 식사를 하며 (친절하게도 필자와 동행하였던 분들까지도 대접해 주셨다.) 오랜만에 참으로 즐거운 시간을 가졌다. 식사 후에도 친절히 변함없는 Kensington 지역을 보여주시며 배웅해 주셨던 기억이 생생하다.

김 교수님은 학문적인 업적과 국제적인 성취가 워낙 뛰어나서 분야가 다른 필자도 알 정도이기에 존경할 따름이다. 이러한 높은 성

취와 함께 선배님은 훌륭한 인성을 겸비하신 재미있고 겸손하신 분이라는 점은 필자가 더더욱 존경할 수밖에 없는 이유이다. 30년 넘게 필자의 인생에 좋은 영향을 주신 분으로 현재도 선배님을 보면서 조금이라도 닮아 가고자 노력을 하게 되는 그런 분이다. 언제나 만남을 기대하게 하고 함께 이야기를 나누면 늘 유쾌한 분이라 좋다. 끝으로 필자가 선배님을 좋아하는 면을 보여주는 에피소드 한 가지를 소개하고자 한다. 학교 내 선배님의 사무실을 방문하였을 때 컴퓨터에 붙어 있던 메모를 하나 소개한다.

"We felt we had licence to go into areas where other people fear to go." -Robin Gibb-

이를 본 젊은 출장 동행자에게 로빈 깁이 누구인지 비지스^{Bee} ^{Gees}가 얼마나 유명했었는지를 친절하게 설명해주시는 분이기도 하다. 선배님 보고 싶습니다. 감사합니다.

....

김경웅 교수가 저를 너무 과대포장해 주셔서 답글을 쓰면 이런 과대포장에 농의하는 것 같아 망설이다 씁니다. 일단 김경웅 교수의 과대포장은 읽는 분들이 각자 '김경웅 교수가 김명식과 코드가 조금 맞는구나. 이러다 어느 날 마음 안 맞으면 아주 크게 쌈박질이 나지 않을까?' 정도 생각해 주시기 바랍니다.

내가 기억하는 김경웅 교수와의 첫 만남은 국비 장학생으로 박사 과정을 위해 임페리얼 칼리지에서 만났을 때입니다. 지금도 많은 수의 한인이 임페리얼 칼리지에 있지는 않지만, 그때는 10여 명 정도 한인학생이 있었을 때였는데, 김경웅 교수 때 숫자가 조금 늘었고 유학생의 연령대도 많이 낮아졌습니다. 지금 서울대학교의 박형동 교수, DGIST의 문제일 교수, KAIST의 김수현 교수 등이 그때 같이 있었던 것으로 기억합니다. 이때 '재미있는' 유학생활의 꽃은 단연 김경웅 교수였지요. 그 적은 숫자의 한인회를 위해 무슨 잡지 같은 것도 만들고 거기 Editor-in-chips(?)라는 직책을 만들어 조정하며 여론 조작(?)도 하고 뭐 이벤트들도 만들어 같이 보냈던 기억입니다. 김경웅 교수는 앞에서 나를 위트 있는 사람이라 했지만, 진짜 위트 있는 사람은 바로 김경웅 교수이지요.

어떤 이는 슬픔을 같이 하는 친구를 중요시하지만, 그만큼 어려운 것이 즐거운 일을 같이 즐거워 해 주는 것이라고 생각합니다. 김경웅 교수는 남의 즐거움을 같이 즐겨줄 줄 아는 사람입니다.

김경웅 교수가 글에서 언급한 비지스 멤버 로빈 깁의 문장, "남들이 가기를 두려워하는 곳을 갈 수 있는 면허"는 내 방에 아주 작게 붙어 있는 포스트잇에 쓰여 있습니다. 이걸 보고 기억하고 있는 걸 보면 어떤 공감대가 있었기 때문일 겁니다. 김경웅 교수는 적어도

삶에 있어서 이런 마음을 가지고 산 사람이고, 그런 마음이 김 교수를 창의적으로 살 수 있도록 했을 거란 생각입니다.

김 교수가 캄보디아에 가서 수질 문제를 같이 걱정하고, 베트남 학생들의 교육에도 앞장서는 모습을 보면서 소중한 일들을 해낸다는 생각을 많이 합니다. 도와준다는 입장이 아니라 같이 한다는 입장은 더더욱 존경스럽게 하지요. 앞으로도 건강하여 계속 근사한 삶을 살기 바랍니다.

영국 임페리얼 칼리지 런던대학교 물리학과 교수 **김명식**

영원한 정신적 스승이신 박삼열 목사님

　박삼열 목사님은 필자가 영국 유학 시절에 다니던 교회에서 청년부를 담당하시던 목사님이셨다. 그때나 지금이나 여전히 필자가 사모하는 목사님은 존경받으실 점이 많지만 무엇보다도 교회 안에서나 외부에서의 평소 모습이 시종일관 같다는 점이다. 박 목사님은 진실하심과 겸손함으로 타의 모범이 되는 보석보다 귀한 목사님이시다. 1989년 8월에 필자는 영국 런던에 도착하자마자 석사 지도교수님이 소개해주신 런던 시내의 킹스크로스 한인교회에 등록을 하였고 신앙생활을 다시 한번 시작하게 되었다.

　이전 한국에서의 신앙생활은 간절함이 없었고 단지 모태신앙이라는 책임감으로 교회만 출석하는 정도였다. 그러나 런던에 도착할 때부터 무엇에 이끌리듯이 이곳에서는 제대로 신앙생활을 한번 해보자는 결심을 하게 되었다. 한인교회에 다닌 지 1년쯤 지났을 무렵 필자는 자료조사와 시료채취를 위해 한국에 잠시 다녀온 일이 있었는데 그 사이 교회 상황의 변화로 담임목사님의 부재가 발생하였다. 잠시 선교사님이 주일 설교를 하시면서 교회를 이끌던 중 한국에서 홍문균 목사님께서 새 담임목사로 부임하셨다. 젊고 유쾌하신 목사님을 맞아 온 교회는 기뻐하였다. 오시자마자 홍 목사님은 영국에서 공부하고 계시는 젊은 목사님들을 초빙하시어 협동 목사님으로 교회의 각 기관을 담당하게 하시면서 교회에 새바람을 일으키셨다. 감사하게도 이때 박삼열 목사님께서 우리 청년부로 오시게 된 것이다.

오시자마자 새로운 청년회장을 선출하게 되었는데 신앙이 한참 부족한 필자가 청년회장이 되었다. 청년회 총무로는 필자가 공부하던 학교 바로 옆에 있는 유명한 학교 RCM Royal College of Music 에서 바이올린을 전공하는 자매가 되었다. 자리가 사람을 만든다고 할까? 박 목사님은 사랑스러운 지도로 필자를 이끌어 주셨고 "잘한다! 잘한다!"라는 칭찬으로 필자를 북돋워 주셨기에 이런 목사님의 격려에 힘입어 더욱 열심히 성경 공부도 하고 봉사도 했던 것 같다.

이런 필자를 이끌어 주신 목사님과 목사님만큼 좋으신 김문경 사모님께 이 기회를 빌려 감사를 드린다. 사모님께서는 역시 유학 중인 목사님을 섬기시면서 경제적으로 빠듯한 유학 생활 중에도 우리 청년부원을 자주 집으로 초청하시어 맛있는 한국 음식도 해주셔서 우리는 친교의 시간도 가질 수 있었다. 목사님과의 즐거웠던 생활도 어느 시점인가에 목사님께서 계획하신 신학 공부를 마무리하기 위하여 에든버러로 이주를 하시면서 안타깝게도 이별의 시간을 맞게 되었다. 이후에도 계속 편지로 연락을 이어갔고, 다행히도 필자의 유학 생활 중 에든버러에서 국제학회가 있어 그 기회에 박 목사님 댁에 머물면서 재회의 시간을 가졌다.

이후 필자가 귀국하고 학교에 자리를 잡고 바쁘다는 핑계로 잠시 연락이 이어지지 못했으나 필자가 기억하고 있던 목사님의 시무교회에 편지를 보내면서 목사님과 다시 연락이 닿게 되었다. 이후에는 자주 뵙지는 못하지만 연락하면서 과거의 이야기도 나누고 목사님께 감사드리는 중이다. 여전히 목사님은 자애롭고 필자를 과대평가해 주셔서 감사할 따름이다. 목사님의 기대에 실망을 드리지 않기 위하여 일상생활에서나 신앙적으로도 목사님을 본받기 위해 노력 중이다. 필자의 인생에서 중요했던 유학시절에 신앙을 이끌어 주시고 지금의 필자를 있게 해주신 점 다시 한번 진심으로 감사드리며, 앞으로도 계속적인 지도와 편달을 부탁드립니다. 박삼열 목사님과 김문경 사모님, 사랑합니다.

………

지금도 그렇지만 30여 년 전의 영국은 그 경건한 신학적 특징과 풍부한 문화유산으로 인해 기독교 교인들에게 참 좋은 나라였다. 거기서 좀 더 신학을 연마하겠다는 기대를 품고 도착한 런던에는 아주 참신한 한인교회가 있었다. 킹스크로스 한인교회King's Cross

Korean Church. 평일에는 정신없이 공부하지만 주일이면 한인 성도들과 함께 예배하며 살고 싶었는데, 그 교회에서 나에게 청년부를 잠시 맡아줄 수 있겠느냐는 제안을 해왔고 나는 반가웠다. 그래서 주일이면 성도들과의 예배 후 이어지는 청년 유학생들과의 모임에서 같이 찬송도 부르고 성경 공부도 하며 고락을 나누는 삶이 시작되었다.

그때 교회에서는 우리 청년부를 '머릿돌'이라고도 불렀다. 건축업자들이 버린 돌들 가운데 하나가 소중한 머릿돌로 사용되듯, 예수님은 하나님이 만들어 가시는 새로운 사회의 머릿돌이시듯, 우리 모두 훗날에 지구촌 도처에서 머릿돌이 되자고 기도하며 모이는 모임이었다. 당시 머릿돌에는 세 종류의 유학생이 있었다. 국비 장학생, 부모님 장학생, 그리고 낮에는 식당에서 일한 후 밤에는 영어를 배우는 학생들이 그들이었다. 김경웅 박사는 그 유학생들의 참선한 리더였다. 실은 가장 명석한 학생이면서도 언제나 웃는 모습의 청년이었다. 머릿돌들은 김경웅 청년을 회장으로 뽑은 후 모두는 그를 잘 따랐다. 주일이면 고생하다가 모여 오는 유학생들을 그는 늘 웃는 모습으로 맞았고, 앞에서 신앙으로 인도하다 보니 머릿돌은 그를 중심으로 자꾸 자랐다.

당시 영국에는 우리나라 유수한 기업체들이 여럿 진출해 있어서 그와 관련된 주재원 가정들이 있었고, 그들을 포함한 교회 내의 어른들은 김경웅 회장을 많이 사랑했고, 그의 리더십 아래에 열심히 모이는 다양한 출신의 머릿돌을 참 귀하게 여겼다. 지금 돌아보면 하나님의 선하신 섭리의 여정 속 아름다운 시간이었다고 생각된다.

공부를 다 마치고 귀국 후 세월이 흘러가면서 훌륭한 학자와 교수로 그리고 선한 그리스도인으로 살아가는 김경웅 박사를 생각할 때, 더 멋있게 변한 그의 모습을 떠올리며 나는 입가에 미소를 띠게 된다. 그리고 그의 일생 선하게 인도하시며 많은 일을 감당케 하시는 주님 앞에 조용히 고개 숙여 감사한다. 나는 김경웅 박사의 앞날에 대해 더욱 기대감과 희망을 갖게 되는데 왜냐하면 그동안 때마다 사랑과 돌봄, 소명과 희망으로 이끄신 하나님께서 앞으로 더욱 함께하실 줄 알기 때문이다.

김경웅 박사께서 그 바쁜 일정 속에서도 글을 써왔다는 사실에 놀라고 있다. 써놓지 않으면 다 날아가 사라지게 되는 게 우리의 단상들인데 어떻게 이렇게 아름다운 수고를 해왔을까 하며 고귀하게 생각한다. 앞으로도 계속해서 아름다운 내용들을 기록에 남기는 일을 계속하기를 부탁드린다. 그의 두 번째 수필집에 짧게나마 그에 대한 나의 소회를 담을 수 있게 되어 감사를 표하고 싶다.

송월교회 담임목사 **박삼열**

글로벌
호기심 리포트

호기심 많은 환경학자의
두 번째 에세이집

초 판 인 쇄 2024년 8월 5일
초 판 발 행 2024년 8월 13일

저   자 김경웅
발 행 인 임기철
발 행 처 GIST PRESS

등 록 번 호 제2013-000021호
주   소 광주광역시 북구 첨단과기로 123(오룡동)
대 표 전 화 062-715-2960
팩 스 번 호 062-715-2069
홈 페 이 지 https://press.gist.ac.kr/
인쇄 및 보급처 도서출판 씨아이알(Tel. 02-2275-8603)

I S B N 979-11-90961-24-0 (03980)
정   가 18,000원